诸城市"一三五"现代粮食绿色生产技术

孟凡金　王德高　主编

U0273216

中国农业出版社

北　京

图书在版编目（CIP）数据

诸城市"一三五"现代粮食绿色生产技术/孟凡金，王德高主编 . —北京：中国农业出版社，2020.9
ISBN 978-7-109-27264-4

Ⅰ.①诸… Ⅱ.①孟… ②王… Ⅲ.①粮食作物—栽培技术—无污染技术 Ⅳ.①S51

中国版本图书馆 CIP 数据核字（2020）第 166808 号

中国农业出版社出版

地址：北京市朝阳区麦子店街 18 号楼
邮编：100125
责任编辑：刘　玮
版式设计：杨　婧　责任校对：吴丽婷
印刷：北京大汉方圆数字文化传媒有限公司
版次：2020 年 9 月第 1 版
印次：2020 年 9 月北京第 1 次印刷
发行：新华书店北京发行所
开本：850mm×1168mm　1/32
印张：3.5　插页：2
字数：140 千字
定价：40.00 元

>>> 本书编者名单 <<<

主　　编：孟凡金　　王德高

副主编：杨少年　　姜　雪　　王双济

编　　者：孟凡金　　王德高　　杨少年　　姜　雪

　　　　　王双济　　王宗友　　窦立志　　田　虎

　　　　　冯　丽　　李金福　　张焕刚　　宋兆文

　　　　　曲　蕾　　詹金元　　徐扬香　　张　英

　　　　　孟靖博　　纪秋芹　　马煜平　　马建海

　　　　　吴建梅　　韩宗才

序

　　山东省诸城市位于山东半岛东南部，南部为山区丘陵，北部以平原为主，地表水资源丰富，潍河水系遍布全境，土壤肥沃，是重要的粮食生产地区，常年粮食种植面积在 6 万公顷左右，粮食生产水平较高。

　　改革开放以来，富有开拓精神的诸城人民先后创造了商品经济大合唱、贸工农一体化、农业产业化、中小企业产权制度改革、为民服务联动等闻名全国的"诸城经验"。20 世纪 80 年代，诸城市大力推广小麦精播、半精播和小麦玉米套作技术，走在山东省前列，起到了很好的示范带动作用，成为国家、山东省确定的"商品粮生产基地县"。进入 21 世纪以来，诸城市大力推广小麦规范化播种、宽幅精播、夏玉米"一增四改"等先进技术，粮食生产再次迈上一个新的台阶，从 2008 年起连续 7 年获得"全国粮食生产先进县"荣誉称号。成绩来之不易，这既与诸城市各级领导高度重视粮食生产、持续加强农田基础建设等有关，也与诸城市农技推广人员的辛苦付出有关。

　　当前，诸城市粮食生产正处于由传统农业向现代农业转型的关键时期。由孟凡金、王德高同志领衔的农技推广团队创作的《诸城市"一三五"现代粮食绿色生产技术》,恰逢其时,主要总结了20余年来诸城市粮食生产技术推广工作的经验,对今后促进当地粮食生产的现代化绿色化进程具有重要的借鉴意义。希望诸城市农技人员继续努力进取,总结生产技术经验,为国家粮食丰产丰收做出新的、更大贡献。

农业农村部小麦专家指导组副组长、
山东省农业专家顾问团小麦分团副团长、
山东农业大学教授、博士生导师

王振林

二〇二〇年三月三十日

左为冯常波,中间为王振林,右为王德高

编者的话

　　诸城市位于胶东半岛与鲁中腹地接壤处，全市辖17个镇/街（园区），共208个农村社区，1 249个村居，总人口107万，其中农业人口70.3万，全市版图面积2 182.7千米²，耕地面积12.19万公顷。

　　诸城市地处昌潍平原，土质肥沃，水源充沛，气候适宜，潍河从南到北纵贯全市，地表水资源丰富，灌溉条件较好，农业生产基础条件优越，是全国重要的粮食生产基地。近几年来，诸城市委、市政府不断强化农业基础地位建设，努力改善农业生产条件，积极推广先进的科学技术，农民科学种田水平不断提高，农业生产取得了巨大成就。诸城市粮食连续多年高产稳产。2015—2017年，三年平均粮食播种面积13.12万公顷，年均粮食总产89.2万吨，平均粮食单产451.8千克。诸城市粮食单产、总产持续稳定增加，品质和商品率不断提高。自2008年以来，诸城市连续7年被评为全国粮食生产先进县*，是全国新增千亿斤粮

---

　　* 诸城市为县级市，山东省于1987年7月撤销诸城县，建立县级诸城市，由潍坊市代管。

食产能县。

一、粮食生产现代化的内涵

粮食生产的现代化是粮食生产由传统农业向现代农业发展进步的过程。当前,我国粮食生产正由传统农业向现代农业转型发展,从世界水平看,我国粮食生产水平还处于现代化发展的初级阶段。粮食生产现代化主要有三个层面的内涵:

一是粮食生产装备的现代化。粮食生产装备现代化是粮食生产现代化的物质基础,是关键,也是粮食生产现代化的重要标志。粮食生产装备现代化涵盖了粮食生产的产前、产中和产后各个环节,首先是机械化,并在机械化的基础上迅速向自动化、信息化、智能化方向发展。粮食生产装备的现代化可大大提高劳动效率,减轻劳动强度,减少劳动用工,在提高粮食产量和效益、推进农村土地流转、提高粮食作物抗御自然灾害能力等方面发挥重要作用,为粮食产业结构调整和农业规模化、集约化、产业化发展创造条件。

二是粮食生产科技的现代化。科技是第一生产力,粮食生产科技进步在粮食生产现代化进程中发挥着重要作用。粮食生产科技的现代化正不断影响粮食生产的产量与质量。例如,水肥一体化技术,以往只是用于花卉、蔬菜、果品等高效园林园艺作物,现在正在粮食生产中迅速普及;小麦玉米一体化栽培技术,以往只是科研工作者的研究课题,今天正成为广大粮食农场主的主修科目。同时,传统的农业生产技术,如小麦玉米套作、间苗查苗补苗、小麦早春划锄、小麦起埂整畦等正在粮食生产现代化中失去用武之地。

三是粮食生产经营方式的现代化。粮食生产经营方式的现代化是粮食生产现代化的核心和实质，是和传统农业的本质区别。传统农业主要是以家庭作坊为主，传统农业的农民是一个全方位的农业劳动者，凡事都要亲力亲为；现代农业是社会化大生产、大合作，是规模化生产、集约化经营，是专业的人干专业的事，产业发展越高级，社会化分工合作越精细。从事现代农业的农民，首先是一个经营者，能够用现代经营管理方法经营农场；其次是一个科技工作者，善于主动学习和灵活运行现代农业科技成果；最后才是一个农业劳动者。

二、诸城市粮食生产正由传统农业向现代农业转型

近年来，在中央惠农政策的积极拉动和各级农业部门的大力推动下，诸城市粮食生产全程机械化基本普及，主要农作物耕种收综合机械化水平达到 95.5%，2017 年获批全国主要农作物生产全程机械化示范县；规模化发展迅速，2018 年底诸城市 3.34 公顷以上的粮食家庭农场有 680 家，总种植面积 0.558 万公顷，平均每户耕地面积 8.21 公顷；2019 年底诸城市 3.34 公顷以上的粮食家庭农场有 868 家，总种植面积 0.72 万公顷，占全市粮食种植总面积的 12% 以上，一年增加了 188 户、0.17 万公顷，平均每户耕地面积 8.3 公顷；

测土配方施肥、小麦宽幅精播、氮肥后移、"一喷三防"、玉米"一增四改"等一大批先进农业科技成果得到普及推广应用,粮食科技成果贡献率逐年提高。

粮食生产现代化发展为诸城市粮食生产带来了积极可喜的变化,一大批有知识、懂技术、会管理的青年农民进军粮食产业,粮食生产正由"副业"回归"主业",学科技用科技、加大粮食现代装备投入正成为家庭农场主的主动需求,粮食生产现代化的内生动力正在迅速增长,诸城市粮食生产正逐步进入现代化的快车道。

三、诸城市粮食生产现代化进程中存在的主要问题及原因

从调查结果看,种粮大户普遍有"一怕两愁"和"一累"。"一怕"是怕倒伏。一旦发生倒伏,粮食就会明显减产,收获只能靠人力去解决。"两愁"是愁浇水、愁晾晒。传统小麦起身拔节期每亩*浇一遍水平均需要1～1.5个人工,大喇叭口期玉米每亩浇一遍水平均需要2个人工。粮食收获后需要马上晾晒,晾晒需要人工,晒场难找,晾晒过程损耗大,一旦晾晒不好或遇上连续阴雨天,粮食容易发热、发霉、变质。诸城市当前一个人工需要120元左右,劳动强度大且不好找人。"一累"是累在秋种。小麦播种一般有5～6个环节〔施肥、耕地、耙耢(两遍)、起埂、播种和镇

---

* 亩为我国非法定计量单位,1亩=666.7米²。

压〕，工序多，用时长。

当前，诸城市的粮食产业正处于传统农业向现代农业转型的过程中，粮食生产还没有完全摆脱传统农业的思想束缚，上述问题都是现代产业的发育还不充分、不完善的外在表现。从现代农业发展的角度看，现阶段诸城市的粮食生产存在三个方面不到位的问题：一是先进粮食生产科技成果的推广应用还不到位。真正有文化、懂技术、会管理的家庭农场主还是少数，现阶段粮食生产经营主体的文化水平普遍偏低，对先进农业科技的学习能力、理解能力和执行能力不强，致使许多先进的科技成果没有得到很好的应用，粮食生产的资源利用率偏低，粮食整体生产水平不高，对自然灾害的抵御能力偏弱。据张福锁的研究发现，目前条件下中国小麦和玉米的氮肥利用率分别为 28.2% 和 26.1%，与 20 世纪 80 年代相比呈下降趋势，远低于国际水平。据王震的调查，我国粮食主产区农田灌溉水的利用效率只有 30%~40%，每生产 1 克粮食需要补充水 1.23 米^3，比美国、加拿大高出 1.76 倍。二是现代农业装备的推广应用还不到位。粮食生产的小型农业机械应用还很普遍，大型一体化农业机械，尤其是水肥一体化设备的推广应用刚刚开始。三是农民的经营理念还不到位。受传统农业思想的影响，许多种粮大户或粮食家庭农场的经营规模有了，但现代化经营的理念和办法都还没有到位，"规模化、机械化"不等于"现代化"，可能只是规模大一些的传统农业。

四、诸城市强化农技推广指导工作，大力推动粮食生产现代化

为保障诸城市粮食生产安全，落实国家"藏粮于地、藏粮于技"战略，诸城市农技推广工作以习近平新时代中国特色社会主义思想为指导，全面贯彻新发展理念，着力于在粮食主产区开展绿色高质高效示范基地创建，集成推广绿色高质高效标准化生产技术模式、推行全过程社会化服务、打造全链条产业融合发展模式，推广应用水肥一体化、先进植保机械等现代化节水、节肥、节药新技术、新设备，实现粮食生产良种化、标准化、绿色化、机械化和服务全程社会化"五化"目标，有效减少淡水、化肥、农药使用量，促进粮食生产转方式、提质量、增效益，实现粮食绿色可持续发展。

诸城市农业技术推广服务中心主任　　高级经济师

孟凡金

2020 年 2 月

目　录

第一章 <<<

绪　论

　　为推动诸城市粮食生产现代化发展，我们从当前粮食生产存在的主要问题入手，紧紧抓住粮食生产现代化这一发展大趋势，以现代农业"绿色、高质、高效"为目标，经过长期的探索和实践，逐步形成了"一三五"现代粮食绿色生产技术。

一、诸城市"一三五"现代粮食绿色生产技术的内涵

　　"一三五"现代粮食绿色生产技术中的"一"是指粮食生产现代化发展趋势；"三"是粮食生产的三个目标：绿色、高质、高效，"绿色"是现代农业可持续发展的内在要求，"高质"是农业供给侧结构性改革的应有之意，"高效"才能真正调动广大农民的种粮积极性，是全面落实国家粮食安全战略的重要保障；"五"是指五项关键科技成果：粮食生产全程机械化技术、小麦玉米周年一体化栽培技术、滴灌水肥一体化技术、小麦玉米病虫草害综合防控技术、粮食生产防灾减灾技术。"一三五"现代粮食绿色生产技术以粮食生产现代化为主线，以粮食生产绿色、高质、高效为目标，是对现有粮食生产技术进行精炼、落地和组装的技术集成和创

新，充分做到了良种良法相结合、农机农艺相结合。

二、"一三五"现代粮食绿色生产技术规范

1. 小麦备播 玉米收获前，将小麦播种工作准备就绪。

延伸阅读一

（1）品种选择 选用经过山东省品种审定委员会审定，经当地试验、示范，适应当地生产条件、抗倒抗病抗逆、分蘖成穗率高、稳产丰产的品种，种子纯度不低于 99.0％，净度不低于 99.0％，发芽率不低于 85％，水分不高于 13.0％。

①强筋专用小麦可选用济麦 44、泰科麦 33、济南 17、洲元 9369、烟农 19 等。

②水浇条件较好地区，可选用济麦 22、鲁原 502、济麦 23、烟农 999 等。

③水浇条件较差的旱地，可选用青麦 6 号、烟农 21、山农 16、山农 25、山农 27、烟农 0428、青麦 7 号、济麦 262、齐民 7 号、山农 34、济麦 60 等。

（2）微囊悬浮种衣剂拌种 10％的噻虫嗪微囊悬浮剂 140 克加 3％的苯醚甲环唑悬浮种衣剂 30 克可处理小麦种 10～20 千克。使用时先兑水 120～330 毫升，混匀后再拌种。拌种后在阴凉处摊开晾干备用，严禁日晒。

延伸阅读二

（3）化学肥料选择 推荐使用掺混肥，按测土配方施肥技术制订养分配方，一般氮磷钾比例为 10：12：8，每亩用量

40～50 千克，硫酸锌 1 千克。

（4）机械选择 深翻犁可选择带辅犁的液压栅条翻转犁。小麦播种机可选用立旋双镇压小麦精播机。

（5）试播试种。

2. 玉米适当晚收，秸秆粉碎还田 在确定小麦播种期的基础上，玉米适当晚收。

（1）适期收获 充分发挥品种高产潜力，降低机收损失率，确保丰产丰收。待玉米籽粒乳线消失时用联合收获机收获，收获的同时秸秆粉碎还田。在不耽误下茬小麦播种的情况下适当晚收，建议在 10 月 9 日开始用玉米联合收割机收获。

（2）秸秆粉碎还田 玉米秸秆粉碎后均匀抛撒还田。具体技术指标要求：玉米秸秆切碎的长度不大于10 厘米；切碎长度合格率≥90％，残茬高度≤8 厘米，抛撒不均匀率≤20％，漏切率≤1.5％。

3. 深翻 深翻可有效掩埋有机肥料、作物秸秆、杂草和病虫有机体，打破犁底层，疏松耕层，改善土壤理化性状，有效减轻病虫草害的发生程度，提高土壤渗水、蓄水、保肥和供肥能力，也是抗旱保墒的重要技术措施。

玉米收获后，马上深翻，要求耕后土层松碎；耕深一致，沟底平整；不漏耕、不重耕；上松下实，破碎明暗坷垃，耕后地表平整。具体技术指标：耕深≥25 厘米，减少垄、沟数量，沟宽≤35 厘米，垄沟深≤1/2 耕深，垄脊高度≤1/3 耕深，碎土率≥65％，植被覆盖率≥85％。

4. 小麦播种 土壤湿度较大时，深翻后要适当晾墒；土壤墒情适宜，要随翻随种；土壤墒情较差时，深翻后要加快播种速度，前后时间差最好不要超过 2 小时。

（1）适当晚播 小麦适当晚播，玉米适当晚收，可以在不影响冬小麦产量的前提下，实现夏玉米提质增产。冬小麦可以从 10 月 9 日开始播种，10 月 15 日前播种结束。

（2）播种方法 用立旋双镇压小麦精量播种机播种，播深 3～4 厘米，小麦行距 20 厘米，苗带宽 5 厘米，间距 15 厘米，为下茬玉米播种创造条件。播种机行进速度以每小时 5 千米为宜，以保证下种均匀，深浅一致，行距一致，不漏播、不重播。

（3）适当增加播量 在适期播种情况下，分蘖成穗率低的大穗型品种，每亩适宜基本苗 15 万～18 万株；分蘖成穗率高的中多穗型品种，每亩适宜基本苗 13 万～16 万株。在此范围内，高产田宜少，中产田宜多。在适当晚播的情况下要适当增加播量，10 月 9 日后每晚播 2 天，每亩增加基本苗 1 万～2 万株。

（4）种肥同播，全层施肥。

5. 滴灌水肥一体化设备的选择与安装使用

（1）设备结构 主要由首部枢纽、输水管道、滴头部分等组成。

1）首部枢纽 包括动力及加压设备，如水泵、电动机或柴油机及其他动力机械、测量控制仪表等。除自压系统外，这些设备是微灌系统的动力和流量源，也是整个滴灌系统的驱动、检测和调控中心。

①水泵及动力机 是将灌溉水从水源有压输入滴灌输水管道内的设备。对于工作压力或流量变幅较大的滴灌系统，应选配变频调速设备。

②施肥器 推荐选择压差式施肥器，或注肥泵，或移动式施肥车。安装在过滤器的前面。施肥器应按要求配置各种阀门和进排气阀，以便于操作控制和保障管道安全运行。应根据设计流量大小、肥料和化学药物的性质选择，配套必要的安全防护措施。

③过滤器 井水水源可以选择离心过滤器加网式或叠片式过滤器。地表水源可以选择介质过滤器加网式或叠片式过滤器。水源中泥沙等杂质较多时还应配套沉淀池。

④控制及检测设备 即各种手动、机械操作或电动操作的闸阀，主要包括控制阀、进排气阀、冲洗排污阀、水表、压力表等，例如水力自动控制阀、流量调节器等。控制阀、进排气阀和冲洗排污阀应止水性好、耐腐蚀、操作灵活。水表应阻力损失小、灵敏度高、量程适宜。压力表的精度等级不应低于 1.5，量程应为系统设计压力的 1.3～1.5 倍。

2）输水管道 包括主管、支管以及必要的调节设备（如压力表、闸阀、流量调节器等），其作用是将加压水均匀地输送到滴灌带。根据水源压力和滴灌面积来确定滴灌管道的安装级数。一般采用二级管道，即主管和支管。

①主管和支管 主管采用 PE 管或 PC 管，预先埋

设于地下，埋深 50 厘米左右。支管采用涂塑水带（PVC）或 PE 软管，平铺于地面，能收能放。合理规划、安装滴灌供水系统，面积较大的地块应采用轮灌的方式，各轮灌区面积应基本相等。如水泵出水量为 50 米³/小时，则轮灌面积为 1～1.5 公顷。各轮灌区分别铺设供水管道。每一个轮灌区在主管上安装一个管道阀门和一个接口，面积较大的推荐使用电磁阀。主管和支管通过接口连接。

②滴灌带（管）　滴灌带（管）技术参数应符合 GB/T 19812.1—2005 要求。一般地块可以选择单翼迷宫式滴灌带，地形起伏较大的地块应选择有压力补偿的滴灌管。单翼迷宫式滴灌带多选用 12 进 5 出的滴头。

③滴灌带（管）铺设　支管和滴灌带（管）一般采用"非"字形或半"非"字形铺设。支管和滴灌带通过三通或四通或旁通相连接。滴灌带（管）间距以 60 厘米为宜，滴头出水量 1.3～1.8 升/小时，滴头距离 15 厘米。单根单翼迷宫式滴灌带的供水长度一般在 50 米左右，最长不超过 75 米。滴灌带要拉直拉紧，两端用土压实。

（2）灌溉施肥操作　第一次浇水时，应先多打开一些开关，然后根据进水压力逐渐关闭几个开关，以保持适当水压，避免把管道膨胀损坏。施肥时应先浇清水，待压力稳定后再施肥，施肥完成后再喷 10 分钟清水清洗管道。施肥时应控制施肥浓度，以灌溉流量的 0.1% 左右作为注入肥液的浓度为宜。定期检查过滤设备，防止堵塞。

6. 浇蒙头水 土壤相对含水量小于 70％时，小麦播后要马上浇蒙头水，每亩用水量 7～10 米³，有利于早出苗、出全苗、成壮苗。水量不宜过大。在干旱年份，蒙头水还有利于冬前化学除草。

7. 冬前化学除草 由于冬前麦田杂草苗小、叶嫩、根浅，抗药力差，化学除草效果好于春季，是化学除草的高效期，应大力提倡冬前化学除草。秋季小麦 3 叶后大部分杂草出土，此时杂草小、易灭杀，是化学除草的有利时机，一次防治基本能够控制麦田草害，对后茬作物影响小，要抓住冬前这一有利时机适时开展化学除草。

以双子叶杂草中播娘蒿、荠菜、藜为主的麦田，可每亩用 50 克/升双氟磺草胺悬浮剂 5～6 毫升，或者 56％的二甲四氯钠可溶粉剂 100～140 克；以猪殃殃为主的麦田，可每亩用 200 克/升氯氟吡氧乙酸乳油 50～70 毫升，或 58 克/升双氟·唑嘧胺乳油 10～15 毫升，也可选用氟氯吡啶酯、麦草畏、唑草酮或苄嘧磺隆等。以单子叶杂草中雀麦为主的麦田，可每亩用 7.5％啶磺草胺水分散粒剂 10～12.5 克，或者 30 克/升甲基二磺隆可分散油悬浮剂 25～30 毫升，或者 70％氟唑磺隆水分散粒剂 3～4 克。双子叶和单子叶杂草混合发生的麦田可用以上药剂混合使用或选用含有以上成分的复配制剂。

在 11 月下旬至 12 月上旬，选择温暖、无风天气对麦田杂草进行喷药防治。喷施除草剂时气温要高于 10℃，严格按照农药标签上的推荐剂量使用。使用自走式喷杆喷雾机进行封闭式喷雾。

8. 浇越冬水　越冬水能防止小麦因冻害死苗，保证小麦安全越冬，为翌年返青保蓄水分，做到冬水春用，春旱早防，还可以沉实土壤，粉碎坷垃。地力差、施肥不足、群体偏小、长势较差的弱苗麦田，越冬水可于11月下旬早浇；一般壮苗麦田，当日（11月底至12月初）平均气温下降到5℃左右，夜冻昼消时浇越冬水为宜，在土壤封冻前完成。浇越冬水要在晴天上午进行，浇水量不宜过大，以浇水后当天全部渗入土中为宜，一般每亩 30 米^3 左右。若土壤相对含水量大于70％，可不浇越冬水。

9. 返青期镇压　对于小麦旺长田或有旺长趋势的麦田，在小麦返青后地皮发干时，选择晴天中午进行镇压，有利于控旺长、抗倒伏，促进根系发育。

10. 化学调控防倒伏　对于小麦旺长田或有旺长趋势的小麦田，也可在小麦返青起身期喷施小麦矮丰、壮丰安等生长调节剂，控制基部节间伸长，预防中后期倒伏。

11. 起身拔节期水肥管理　小麦从拔节至开花是一生中生长量较大的时期，根、叶、蘖、茎、穗等器官全面生长，群体和个体发展迅速，植株的生长量大，分蘖逐渐成穗，小花分化发育奠定穗粒数的基础，是决定亩穗数和穗粒数的关键时期，需肥需水较多，田间肥水管理对保证丰收十分重要。

起身拔节期肥水管理要做到因地因苗制宜。对于地力水平一般、群体偏弱的麦田，应在起身期或拔节初期进行肥水管理，以促弱转壮；对地力水平较高、群体适宜的麦田，应在拔节中期追肥浇水；对地力水平较高、群体偏大、有旺长趋势的麦田，要坚持肥水后移，在拔节后期追肥浇水，以控旺促壮。一般每亩浇水 20～30 米³，沙壤地宜多，黏壤地宜少，并随水追尿素 10～15 千克、氯化钾 5 千克。

12. 预防倒春寒　小麦进入拔节期后抗冻性明显降低，此时发生寒流，易发生倒春寒，导致小麦减产，严重时会导致绝产。诸城市 5 月 1 日前常年都有发生倒春寒的可能性。

（1）喷叶面肥防倒春寒　对于进入起身拔节期的小麦，应结合病虫害防治普遍喷施 1～2 遍叶面肥，以增加小麦叶片固溶物含量，提高抗冻性。叶面肥可以选择 0.5% 的磷酸二氢钾和 1 000 倍的 5% 壳寡糖。

（2）灌水防倒春寒　对于水浇条件较好的地块，应密切关注天气预报，在寒流来临前进行麦田灌大水。由于水的热容量比空气和土壤热容量大，早春寒流到来之前浇水能使近地层空气中水汽增多，发生凝结时放出潜热，减小地面温度的变幅。同时，灌水后土壤水分增加，土壤导热能力增强，使土壤温度增高。

（3）冻害后要及时采取补救措施　小麦早春受冻后应立即施速效氮肥和浇水，氮素和水分的耦合作用会促进小麦早分蘖，小蘖赶大蘖，提高分蘖成穗率，减轻冻害的损失。

13. 浇开花水　小麦抽穗后，亩穗数已定局，但穗粒数和粒重还有较大变化，因为籽粒中积累的淀粉大约有 2/3 来自开花以后的光合产物，所以这一阶段是决定粒重的关键时期。管理方向是保根、保叶、延长叶片光合高值持续期，延缓衰老，提高粒重。

小麦开花至成熟期的耗水量占整个生育期耗水总量的1/4，需要通过浇水满足供应。干旱不仅会影响粒重，抽穗、开花期干旱还会影响穗粒数。因此，在浇过拔节水的基础上，根据麦田墒情在开花至灌浆期浇一次水，即可满足小麦后期生长的需求。但成熟前土壤水分过多会影响根系活力，降低粒重，因此，小麦成熟前10天要停止浇水。

以小麦开花为开始节点，每亩浇水 20～30 米^3、追施尿素 5 千克左右。注意：即使遇到中雨以下的降水，拖后几天仍要浇水，可适当减少浇水量。

14. "一喷三防" 小麦生长后期是多种病虫害发生的主要时期，主要有麦蚜、锈病、白粉病、叶枯病、赤霉病等，对产量、品质影响较大。要做好预测预报，随时注意病虫害发生动态，发现病虫害，应及早进行防治。小麦赤霉病和颖枯病要以预防为主，穗期如遇连阴天气，在小麦扬花后要喷药预防。

在小麦抽穗至扬花初期选择天气晴好、微风的条件下选用无人机进行"一喷三防"，每亩用 18.7% 嘧菌酯·丙环唑 70 毫升＋22% 噻虫·高氯氟 30 毫升＋磷酸二氢钾 100 克混合使用，一次喷药可达到防病、防虫、防干热风的三重目的。

15. 微灌防干热风 遇干热风天气，在上午 10 时左右开启微灌，时间 20～30 分钟，可有效减轻干热风危害。

16. 回收微灌支管，滴灌管（带）留在地里。

17. 玉米播种准备　在小麦收获前把所有玉米备播工作准备好。

（1）品种选择　选用经过山东省品种审定委员会审定，经当地试验与示范、适应当地生产条件、适合机械化作业、紧凑型耐密植、抗倒伏、适应性强、熟期适宜、稳产丰产的品种。种子要经过精选，

延伸阅读一

选择纯度高、发芽率高、活力强、适宜单粒精量播种的优质种子。确保精播后苗全、苗匀、苗壮。种子纯度≥98％，种子发芽率≥95％，净度≥98％，含水量≤13％。普通农田可选择耐密植、抗倒伏、适合机械化作业、高产、稳产、抗逆性强的郑单958、青农11、登海605等品种；青贮玉米可以种植饲玉2号、登海605、德单5号等生物产量高的品种；鲜食玉米可以种植青农206、西星五彩鲜糯、济糯33等口感、色彩、卖相好的品种；籽粒机收可以种植鲁单2016、宇玉30、迪卡517、鑫瑞25、金来376、京农科728等生育期适中、籽粒脱水快、穗位适中、抗倒性强的品种。胡昌浩指出，良种是增产的内因。董树亭指出，紧凑型玉米品种可比平展型品种增产20％以上，目前每亩产750千克以上的高产地块，绝大部分是紧凑型品种。

（2）微囊悬浮种衣剂拌种　对购买的已包衣的玉米种，建议进行二次拌种，多年的实践证明，二次拌种预防多种病虫害的效果、产量优于一次包衣的种子。10％的噻虫嗪微囊悬浮剂140克加3％的苯醚甲环唑悬浮种

衣剂 30 克可处理玉米种 5 千克。使用时先兑水 120～160 毫升,混匀后再拌种。拌种后在阴凉处摊开晾干备用,严禁日晒。

(3)播种机选择 选用玉米免耕精量播种机,一次作业可实现化肥深施、精量播种、覆土和镇压等。推荐使用四行指甲式分层施肥精量播种机、旋耕分层施肥四行精量播种机。

(4)化学肥料的选择 每生产 100 千克玉米籽粒需吸收氮 2.55 千克,磷 0.98 千克,钾 2.49 千克,氮、磷、钾比例为 2.6∶1∶2.5,推荐使用掺混肥,按测土配方施肥技术制订养分配方,一般氮、磷、钾比例为 10∶12∶8,每亩用量 40～50 千克,硫酸镁 1 千克。

(5)试播试种。

18. 小麦适时收获与烘干 在小麦蜡熟末期采用带秸秆切碎和抛撒功能的联合收获机收获,小麦秸秆留茬高度应不大于 15 厘米,切碎长度应不大于 5 厘米,切断长度合格率应不小于 95%,抛撒均匀率应不小于 90%,漏切率应不大于 1%。小麦收获后马上烘干,以烘干代替晾晒。

当前,诸城市粮食家庭农场普遍在小麦完熟期收获。小麦蜡熟末期收获籽粒容重高、品质好,可以提早 5～7 天播种夏玉米。提早播种可以显著提高夏玉米的产量和品质。

19. 玉米免耕直播 小麦收获后要抢抓时机马上直播玉米。

(1)播种方式 采用单粒精量播种机免耕贴茬精量

播种，等行距，行距 60 厘米，播深均匀一致，覆土深度 3～5 厘米，精量播种率≥90％，漏播率＜5％，伤种率≤1.5％，株距应一致，株距合格率≥90％。匀速播种，播种机作业速度根据不同机具掌握，一般控制在 6～8 千米/小时，避免漏播、重播或镇压轮打滑。

（2）种植密度 每亩紧凑型玉米留苗4 500～5 000株。在构成玉米产量的三要素中，提高亩产量的主导因素是增加亩粒数（亩穗数和穗粒数）。低产变中产，以增加亩穗数来增加亩粒数作为提高亩产量的主要措施；中产变高产，以增加亩穗数和穗粒数从而提高亩粒数、增加亩产量为主导因素；高产再高产，主要是在稳定穗数的基础上，采取综合措施，抓好植株整齐度，以提高穗粒数，增加亩粒数和千粒重夺取高产。穗足是基础，粒多是关键，粒重是保证。

（3）播种量 播种密度＝留苗密度/（发芽率×出苗率）。

（4）种肥同播 播种前预调至计划施用量。施肥于种子侧下方 3～5 厘米，防止烧种和烧苗。

20. 铺放微灌支管 播种完后马上铺放安装微灌支管，并试水检查滴灌管（带），发现破损要抓紧修复。

21. 浇蒙头水 土壤相对含水量小于 70％时，播后要立即浇蒙头水，每亩浇水 7～10 米³，有利于早出苗、出全苗、成壮苗，还有利于玉米苗前化学除草。

22. 玉米苗前化学除草 播种后出苗前，每亩用40％乙阿合剂 200 毫升兑水 50 千克，使用自走式喷杆喷雾机进行封闭式喷雾。

23. 遇旱浇水防玉米高温热害　高温加干旱胁迫是玉米高温热害发生的主因。进入玉米穗期，如遇33℃以上连续高温干旱天气，应提前适当浇水，可有效减轻玉米高温热害。

24. 化学调控促壮防倒伏　对于高肥水、密度较大、生长过旺、降水较多、倒伏风险较大的地块，在玉米7～11片叶片展开期喷施乙烯利、助壮素等化学调控剂预防倒伏，可以适度控制植株高度，促进茎秆粗壮和叶片光合能力，增强抗逆能力和抗倒伏能力，有利于改善群体结构。使用化学调控剂要注意合理的浓度配比，防止因用量过大造成植株过矮，无法制造充足的光合产物，影响产量。密度合理、生长正常的田块不宜化学调控。

25. "一防双减"　穗期容易发生大小斑病、锈病、纹枯病等病害以及玉米螟、黏虫、蚜虫等虫害。在玉米大喇叭口期选用无人机进行"一防双减"作业，药剂可以选用10%苯醚甲环唑水分散颗粒剂加200克/升氯虫苯甲酰胺，可防治中后期多种病虫害，减少后期穗虫基数，减轻病害流行程度，保护植株正常生长，提高叶片的光合效能，实现玉米增产增效。飞防药剂稀释浓度按照飞机载药容量和起飞一次作业面积计算。

26. 大喇叭口期追肥浇水　喇叭口期到抽雄期是玉米的需水临界期，对水分尤其敏感，可选用灌溉设备按每亩灌水20～30米^3，同时每亩追施尿素肥15～20千克、氯化钾5千克。此时追肥既能避开茎秆徒长，又能主攻穗多、穗大，是追施攻穗肥的关键时期。此时土壤水分过多也会造成发育受阻，空秆率增加和易倒伏，如遇强降雨应及时排水。

27. 玉米吐丝期追肥浇水 此时追肥，主要是维持营养器官不早衰，提高光合生产率，促进果穗和籽粒建成，是追施粒肥、促进粒多粒重的重要时期。每亩追施尿素 5 千克。

28 支管和滴灌带（管）回收 支管可多次重复使用，单翼迷宫式滴灌带一般使用期限为一年。

29. 玉米适当晚收，秸秆还田 从苞叶变白至苞叶枯松约需 14 天，在此期间，每晚收一天，千粒重增加 5 克，若按每亩 5 000 穗和总粒数 200 万粒计，即每晚收 1 天，每亩增产 10 千克籽粒。最晚可以到 10 月 9 日收获。玉米边收获，小麦边播种。

三、"一三五"现代粮食绿色生产技术对传统粮食生产技术的"十大改革"

1. 品种制度改革 优先选用抗倒抗逆抗病的稳产丰产优质的品种，在稳产的基础上追求高产，改变过去片面追求高产而忽视稳产的理念；在稳产丰产优质的基础上追求高效益。小麦品种改大穗型为多穗型，玉米品种改平展型为紧凑型。

2. 播期制度改革 小麦由适期播种改为适当晚播。传统做法片面从小麦优质高产的角度出发来确定小麦播期，而忽视了玉米。实际上，在一年两熟制的粮食产区，小麦播期的合理确定不仅仅影响小麦，也影响玉米，是一个时间节点影响两季作物。诸城市小麦适播期为 10 月 4 日—10 月 9 日，但在 10 月 9 日—10 月 15 日适当晚播对小麦的产量、品质影响不大，却可以为玉米晚收创造条件。玉米由 10 月 1 日开始收获延迟至 10 月 9 日开始收获，晚收 8 天，在不增加任何措施的条件下实现玉米提质增收。

玉米延迟播改为提早播。小麦适宜收获期在蜡熟末期，但为了解决小麦的晾晒问题，小麦推迟至完熟期收获是种粮大户采取的普遍做法。小麦完熟期收获使玉米延迟 5～7 天播种，显著影响了夏玉米的生育进程，进而影响了其产量和质量。"一三五"现代粮食绿色生产技术（以下简称"一三五"技术）实现了小麦蜡熟末期收获，使夏玉米的播期相对提早 5～7 天。

3. 收获制度改革　粮食由人工晾晒改为机械化、自动化烘干，烘干机成为现代粮食生产的标配。机械化、自动化烘干推动了粮食收获制度的改革，小麦由完熟期收获改为蜡熟末期收获，玉米由蜡熟期收获改为完熟期收获，从而更加充分利用有限的光热资源，同步提高了小麦和玉米的产品品质和产量。"一三五"技术使小麦籽粒千粒重平均可提高 2 克以上；夏玉米早播晚收，同比延长生育期 10～15 天，籽粒千粒重可增加 38 克以上，增加 12.4%。玉米完熟期收获后可以马上脱粒烘干后入仓，减少晾晒过程中的损失。据调查，小麦玉米收获后马上烘干入仓可分别减少损失 3% 以上，每亩可减少粮食损失 30 千克以上。

4. 播种制度改革　由于滴灌水肥一体化技术的应用，实现了浇水追肥的自动化，进一步推动了小麦、玉米播种制度的改革。小麦由起埂整畦播种改为平播，减少了操作环节，提高了土地利用率。小麦由适墒播种改为播后浇蒙头水。播后浇蒙头水可节约水利资源，每亩地的造墒水可以浇 0.27～0.33 公顷地的蒙头水，办法简单，环节少，用工少，小麦一播全苗，齐苗时间早；传统做法强调小麦适墒播种，遇干旱年份，要先造墒后播种，环节多，时间长。形成了标准化的种植规格，小麦行距 20 厘米，玉米行距 60 厘米，避免了前后茬种植规格的冲突，有利于提高夏玉米播种质量，有利于水肥一体化技术设备的统一应用。

5. 除草制度改革 传统做法过度依赖化学除草剂，措施单一，效果较差。随着杂草的抗药性提高，化学除草剂用量逐年加大，部分杂草呈泛滥之势。"一三五"技术采取深翻、浇蒙头水和化学除草剂相配合等措施，深翻可以把杂草种子深埋，减少杂草发生基数，实现了杂草，尤其是抗药性杂草的物理防控；播后浇蒙头水，创造适宜的土壤墒情，促进草籽萌发，实现了小麦苗期、夏玉米苗前一次性除草，减少用药次数，提高了化学除草剂的使用效果，降低了用药量。小麦苗期、夏玉米苗前化学除草对下茬作物影响小。

6. 病虫害防治改革 传统做法过度依赖化学杀虫剂、杀菌剂，措施单一，效果较差，伴随着病菌、病虫抗药性的提高，化学用药量逐年提高。"一三五"技术采取物理、栽培和化学等综合措施，深翻可以掩埋虫卵和病菌，减少病虫害发生基数；因地因作物配方施肥，按需供水供肥，健身栽培，提高了小麦、玉米的抗病虫能力；采用微囊拌种剂拌种，延长了药效期，提高了药效，减少了用药次数；适时开展"一喷三防"和"一防双减"，提高了防治效果。

7. 灌溉制度改革　由人工浇水改为自动化浇水，由大水漫灌改为节水滴灌，由浇地改为浇根，由浇小麦造墒水改为浇蒙头水，有效提高了水资源利用率，减少了人工，提高了灌溉效益。

8. 施肥制度改革　由一次性施肥改为多次性施肥，由单一配方施肥改为测土配方施肥，由水肥不耦合改为水肥耦合。现在种粮大户采取的普遍做法是在播种时一次性投入控释肥，管理工程中不再追肥，控释肥的养分配比单一，不能因地因作物灵活制订施肥配方，肥料利用率不高。"一三五"技术全程采用测土配方施肥技术，以掺混肥和冲施肥为主，可因地因作物灵活制订施肥配方，实现了水肥耦合，按需供肥，显著提高了肥料利用率。

9. 农业装备改革　由农机小型化、用途单一化改为大型化、用途复合化、自动化和智能化，粮食由人工晾晒改为机械化、自动化烘干，浇水追肥由人工改为水肥一体化设备自动化，实现了粮食生产全程机械化、自动化。

10. 秸秆还田制度改革　由表层土壤秸秆还田改为深层土壤掩埋，有效解决了秸秆还田和保证播种质量之间的矛盾，提高了秸秆还田质量。第一年把农作物秸秆深层掩埋发酵，第二年深翻翻到地表改良土壤。有研究证明，深层土壤掩埋秸秆还田有利于提高土壤有机质的胡富比。

四、"一三五"现代粮食绿色生产技术应用效果

1. 推动了诸城市现代粮食产业发展 "一三五"技术是诸城市当地实际生产情况出发，充分吸收和熟化现代粮食生产先进技术，对传统粮食生产技术进行了大刀阔斧的改革，形成的一整套行之有效、切合实际、绿色先进的生产技术规范，深受当地种粮大户的欢迎，对诸城当地的现代粮食产业发展起到很好的主推作用。2008年以前，诸城粮食生产普遍采用小麦玉米套作的模式，规模小，机械化水平偏低；2008—2018年，诸城市大力推行夏玉米直播，粮食生产的机械化水平迅速提高，种粮大户的数量和经营规模逐年提高，现代粮食产业开始起步；2018年以来，"一三五"技术规范基本形成，现代粮食产业迅速发展，诸城市粮食产业又迈上一个全新的台阶。

2. 实现了粮食生产绿色可持续发展 "一三五"技术把节水技术引入现代粮食产业，全年平均可节水60米^{3}以上，干旱年份节水效果更加明显；化肥高效利用，"一三五"技术提高了籽粒产出与化肥投入比（8.7：1，对照仅为6.4：1）；有利于提升土壤质量。"一三五"技术提高了有效解决了秸秆还田与提高播种质量的矛盾，促进了秸秆还田技术推广，平均每年提升土壤有机质0.1%左右。

3. 大幅度提高了粮食生产抵御自然灾害的能力 测土配方施肥、氮肥后移、"一喷三防""一防双减"等

先进技术成果得到普遍应用，水肥一体化、烘干机、智能化无人植保机成为粮食生产的标准配置，使粮食生产在面对自然灾害时有了更多的手段和措施，增强了抵御自然灾害的主动性，有利于保障粮食生产的平稳运行。

4. 充分调动了种粮农民的积极性　从 2018 年秋种到 2019 年秋收的全年度对比调查看，"一三五"技术用户产出投入比为 296.7∶1，对照仅为 198.6∶1；每亩净收入为 1 027 元，对照为 260 元，多出 767 元，增收效果显著。现代粮食产业正在成为一项富民产业，吸引了一大批有知识、懂技术、会管理的青年农民进军粮食产业，粮食生产正由"副业"回归"主业"。广大农民的种粮积极性是全面落实国家粮食安全战略的重要保障。

延伸阅读三

第二章 <<<

诸城市粮食生产
全程机械化技术

第一节　概　述

为降低农业生产成本、提高生产效益，统筹小麦玉米生产体系，实现全年高产和农业高效，必须实现全程机械化。粮食生产全程机械化是现代农业的标志，是粮食生产现代化的基本要求。

本技术适用于规模化粮食农场，涵盖粮食生产的"耕、种、收、管、储"全环节。

一、现代化农业机械装备特征

1. 大型化　拖拉机（图 2-1）、联合收获机等动力装备向大型化发展。动力由 50、60、80 马力向 130、150 马力发展。

2. 集成化　多道工序一机完成，如播种施肥、联合收获、捡拾打捆等，减少了操作环节，提高了作业效率。

3. 机电液一体化　液压驱动、电器控制逐渐替代纯机械控制。

图 2-1　大型化拖拉机

4. 自动化、智能化　如拖拉机无人驾驶，喷杆式喷雾机变量施药，无人植保机自动规划等。

5. 舒适化　驾乘人员操作舒适，劳动强度低。

6. 绿色化　动力机械发动机从国Ⅱ排放标准，升级到国Ⅲ排放标准，降低有害物质排放。

二、粮食全程机械化基本技术要求

1. 机械装备现代化　由小型机向大型机、机械化向智能化、单体机向集成机、传统向绿色化方向发展。

2. 农机农艺融合化　所有农艺措施由农机来实现，所有农机必须符合农艺措施的要求。

3. 全程操作流程化　解决小麦玉米种植规格不配套、前后茬不衔接等问题。

三、粮食生产现代化全程机械作业流程

1. 秋收秋种作业流程　玉米联合收获＋深翻＋立旋播种＋浇蒙头水。

（1）机具选择与作业要求

①玉米联合收获选用自走式、带秸秆粉碎还田和剥皮功能的玉米专用联合机（图2-2）。

图2-2　自走式玉米专用联合机

②深翻选用带辅犁的液压栅条翻转犁（图2-3），配套动力150马力。

图2-3　带辅犁的液压栅条翻转犁

③立旋播种选用立旋双镇压精量播种机（图2-4），同时完成前置施肥、立旋整地、播前镇压、小麦播种、苗带镇压，一播16行，配套动力180马力。

④浇蒙头水选用水肥一体化设备（图2-5）。

图 2-4　立旋双镇压精量播种机

图 2-5　选用水肥一体化设备浇蒙头水

（2）作业质量

1）玉米机械化收获质量应符合 NY/T 1355—2007
规定要求：①作业条件：籽粒含水率为 25%～35%，
果穗下垂率不大于 15%，最低结穗高度不低于 40 厘
米。②作业质量要求：籽粒损失率≤2.0%；果穗损失
率≤5.0%；籽粒破碎率≤1.0%；苞叶剥净率≥85%；
留茬高度≤110 厘米；还田秸秆粉（切）碎长度合格率
≥ 85%；穗茎兼收茎秆切段长度合格率≥80%；果穗、
籽粒和穗茎兼收茎秆无油污染。

2）玉米秸秆粉碎后均匀抛撒还田技术指标要求：玉米秸秆切碎的长度≤10厘米；切碎长度合格率≥90％，残茬高度≤8厘米，抛撒不均匀率≤20％，漏切率≤1.5％。

3）深翻作业质量：耕深≥25厘米，减少垄、沟数量，沟宽≤35厘米，垄沟深≤1/2耕深，垄脊高度≤1/3耕深，碎土率≥65％；植被覆盖率≥85％。

4）立旋播种方法与质量要求：播深3～4厘米。小麦行距30厘米，苗带宽10厘米，间距20厘米，为下茬玉米播种创造条件。种肥同播，施肥器前置。播种机行进速度以每小时5千米为宜，以保证下种均匀、深浅一致、行距一致、不漏播、不重播。播种质量应符合NY/T 739—2003要求。

5）浇蒙头水作业要求：播后马上滴灌浇蒙头水，每亩浇水7～10米³，要求：快，每天浇水面积可达到13.3公顷；匀，同一地块不同位置浇水量相差不超过5％；土壤不板结，干后不起皮。当土壤相对湿度大于75％时可以省略浇蒙头水。

2. 田间管理作业装备组合 水肥一体化设备＋自走式植保机＋无人植保机。

（1）装备选择

1）水肥一体化设备。

①灌溉设备：推荐选用滴灌设备；土层较薄，或水源不足，山区或丘陵地块，优先选择单翼迷宫式滴灌设备；为预防干热风或玉米高温热害也可选择微喷设备。灌溉设备应分别符合 GB/T 19812.1—2017、GB/T

17187—2009、ISO 9261：2004 要求。

②过滤器：地上开放式水源选择介质过滤器＋叠片式过滤器或网式过滤器；井水水源选择离心过滤器＋叠片式过滤器或网式过滤器。

③施肥器：推荐选择压差式施肥罐或注肥泵。灌溉施肥系统的设计应符合 GB/T 50485—2009 要求。

2）自走式植保机选用自走式喷杆喷雾机（图 2-6）。

图 2-6　自走式喷杆喷雾机

3）无人植保机选用多旋翼，具有断点续航、仿地飞行特点的无人植保机（图 2-7）。

延伸阅读
四、五、六

图 2-7　无人植保机

（2）作业质量要求

①水肥一体化作业质量应符合 GB/T 50363—2006、NY/T 2624—2014、DB37/T 3558—2019、DB41/T 998—2019 要求。

②自走式植保机主要用于化学除草，作业质量应符合 NY/T 650—2013 要求。

③无人植保机主要用于小麦"一喷三防"和玉米"一防双减"，作业质量应符合 NY/T 650—2013 要求。

3. 夏收夏种作业流程 小麦联合收获＋玉米免耕直播＋浇蒙头水。

（1）机具选择

①小麦联合收获选用"纵轴流＋秸秆切碎器"自走式小麦联合收获机。

②选择精播、种肥同播功能的玉米免耕直播机。

（2）作业质量要求

①小麦机收作业应符合 NY/T 995—2006 要求：损失率：≤2.0%（全喂入式），≤3.0%（半喂入式）；破碎率：≤2.0%（全喂入式），≤1.0%（半喂入式）；含杂率：≤2.5%（全喂入式），≤3.0%（半喂入式）；还田茎秆切碎合格率（仅适用于有茎秆切碎机构的联合收获机）≥90%；还田茎秆抛撒不均匀率（适用于只有风扇清选无筛选机构的联合收获机）≤10%；割茬高度≤180 毫米。收获后地表割茬高度一致，无漏割，地头地边处理合理。地块和收获物中无明显污染。

②玉米免耕直播机应符合 NY/T 1628—2008 技术要求。

③浇蒙头水作业要求同小麦。

4. 粮食干燥

（1）机具选择　选用低温混流循环批式烘干机。

（2）作业质量要求　小麦干燥应符合 GB/T 21016—2007 技术要求，玉米干燥应符合 GB/T 21017—2007 技术要求。

（3）安全操作　应按照粮食干燥系统安全操作规范（GB/T 30466—2013）操作。注意干燥介质温度，避免籽粒焦煳，预防火灾和粉尘爆炸；避免破碎严重，造成粮食漏粉。烘干设备必须定期清理。

四、小麦玉米全程机械化发展趋势

1. 高效率多功能机械将是发展方向　工欲善其事，必先利其器。随着小麦玉米机械性能的不断改进与完善，使用机械作业已得到农民的普遍认可。因此，今后提升小麦玉米机械的性能和作业效率、增加机械的作业功能将是小麦玉米机械的重点发展方向，能够实现多功能、多工序一体化和可靠性高的大功率小麦玉米机械必将成为科技攻关重点。

2. 农机农艺由结合到融合成为历史必然　没有农艺，农机就无的放矢；没有农机，农艺就是纸上谈兵。农机与农艺结合是现代农业发展到一定阶段的必然要求。农业机械化的发展有三个阶段：第一阶段是农机研发依从农艺，适应农艺的要求，先解决机具问题；第二阶段，是农机农艺相互结合，两者哪个更有利于节能、环保、高效，哪个就占主导，不存在谁服从谁，也没必要争论；第三阶段是农机农艺集成配套，由结合到融合，最终形成符合现代农业生产要求的机械化农艺。这是世界上已经实现了农业生产机械化的国家所证明的。

3. 简便复式作业模式越来越受欢迎 简便实用是广大农民对现代农机的一贯追求。小麦播种机更换排种部件也可播种玉米，小麦联合收获机更换割台装置也可收获玉米，一套机械可以干更多的活，实现一机多用，既提高了机具利用率，也减少了农民购买机具的投入。

4. 节能降耗机械将会得到优先发展 节本增效、环境友好是农机研发的出发点和落脚点。节能降耗机械成为农机生产企业发展和竞争的方向，逐步成为农民选购时首要考虑的因素，成为农机部门贯彻落实建设节约型社会，大力推进资源节约型农机化项目，实施农机推广目录和补贴管理的重点。作业效率低、能耗高的机械将逐步被淘汰，技术配置合理、消耗动力少、节能环保的大中型机械发展速度将进一步加快。市场竞争越激烈，节约型农业发展得越快，农民对符合节能降耗要求的机械需求就越迫切。节能环保机械的发展方向是降低功率消耗。

5. 集成化标准化和模块化的机械将成为发展重点 农业机械的发展有四个阶段：①第一个阶段是机、液、电、气一体化。比如在小麦玉米割台、卸粮装置的设计上集成运用液压设计，提高机具工作的稳定性和可靠性等。②第二个阶段是自动化。比如在机械设计上广泛运用过载保护技术，机具作业过程中遇到障碍，可自身进行过载保护等。③第三个阶段是智能化。比如在小麦玉米联合收获机的驾驶室里安装计亩装置，作业多少通过仪表一目了然。④第四个阶段是数字化。在机械上安装卫星定位系统，机车发生故障时，指挥中心立即显示，向就近维修网点发出服务指令等。目前，农业机械的通用化和标准化还比较低，随着农机应用领域的逐步扩大，以及机械保有量的增加，机械的维护量也将越来越大，因此对机械生产制造的标准化程度提出了更高的要求，不断提高机械的标准化程度，提高机具质量稳定性将会成为社会关注的焦点。另外，为提高机械利用率，扩大机械用途，增加作业范围，功能上集成化和模块化的一机多用机械，将成为今后农业机械发展的重点。

第二节　深翻＋立旋双镇压小麦精量播种技术

立旋双镇压小麦精量播种技术（以下简称立旋播种）以立旋双镇压小麦精量播种机为实现形式，该机整合了施肥、立旋、播前镇压、播种、播后苗带镇压等多道工序于一体，能一次性完成全层施肥、碎土、整平、镇压、播种、二次镇压多项农艺工序，大大减少了作业环节，提高了作业效率。立旋（又名动力耙）是立旋播种机的关键和核心。深翻把玉米秸秆深度掩埋，立旋整地在深度碎土的同时保证秸秆不上翻。深翻为小麦播种扫清第一道障碍，立旋整地实现了深翻后小麦可以马上播种，二者虽然实现形式不同，是前后两道不同的作业工序，但如同"鸟之两翼、车之两轮"，是一个技术的两个重要组成部分。二者互为保障，组成了深翻＋立旋双镇压小麦精量播种技术这一有机整体。

一、当前小麦播种普遍存在的问题

连年旋耕导致耕作层变浅，形成比较坚硬的犁底层，部分地块犁底层深度只有 10 厘米（即地面以下 10 厘米），小麦、玉米根系浅，抗旱抗涝抗倒伏能力差；旋耕整地及秸秆还田造成土壤太过疏松，易导致小麦播种过深，出苗质量差；秸秆太多形成种土隔离，易出现小麦吊苗，越冬能力差；连续秸秆还田和旋耕整地造成病虫草害基数加大，茎基腐病、白粉病、赤霉病、纹枯病、雀麦、节节麦等病虫草害逐年加重；机械效率低，环节多，作业周期长。

二、深翻与旋耕对比效果调查

1. 深翻可以有效减轻病虫草害的发生（表 2-1）

表 2-1 深翻、旋耕病虫害发生情况比较

病虫害种类	旋耕病虫害发生率	深翻病虫害发生率	深翻比旋耕减少率（%）
小麦茎基腐病	8.93%	3.6%	59.71
小麦纹枯病	7.31%	4.94%	32.48
小麦全蚀病	0.03%	0.017%	57.14
蛴螬	0.58 头/米^2	0.32 头/米^2	44.82
金针虫	2.64 头/米^2	1.181 头/米^2	31.44

备注：此表格由郑以宏研究员提供。

2. 深翻可以促进小麦玉米根系发育　深耕地块主

根系达到 40 厘米,比旋耕地块深 10 厘米,而且主根系较多,经晾干后称重,小麦 70 厘米长根干重平均增加 2.18 克,玉米单株根干重平均增加 4.85 克 (图 2-8)。

图 2-8 深耕与旋耕小麦根系对比
(图片由郑以宏研究员提供)

3. 深翻有利于提高小麦玉米产量

表 2-2 深翻、旋耕粮食产量比较

作物	深翻产量 (千克/亩)	旋耕产量 (千克/亩)	增产量 (千克/亩)	增产率 (%)
小麦	607.7	564.0	43.7	7.7
玉米	669.66	615.96	53.7	8.7

备注:此表格由郑以宏研究员提供。

三、深翻十立旋播种与其他播种方式对比调查与分析

在 2019 年小麦越冬前,将深翻十立旋播种(以下

简称立旋播种）与其他播种方式进行了对比调查，调查涵盖了棕壤、褐土、砂姜黑土三种主要土壤类型，济麦 22、鲁原 502、济麦 44 三个主要小麦品种，早、中、晚多个小麦播期，造墒、浇蒙头水和越冬水等多种管理方式。

1. 相州镇孙家田子村立旋播种技术对比调查（表 2-3）

表 2-3 立旋播种技术与其他播种方式（对照）比较

播种方式	播期	主茎叶片数	分蘖数	次生根条数	最长次生根平均长度（厘米）	备注
对照	10 月 6 日	5	2.1	2.1	7.26	雨前播种，播后浇水
立旋播种	10 月 10 日	4.5	1.2	4.7	9.66	雨后播种，未浇水
立旋播种	10 月 6 日	5	2.5	5.4	15.88	雨前播种，播后微喷浇水
立旋播种	10 月 6 日	5	1.8	4.4	12.49	雨前播种，播后未浇水

注：调查地点为相州镇孙家田子村，调查时间为 12 月 25 日，土壤类型为棕壤、砂壤，品种为济麦 22。对照为相邻地块，相同品种，其他播种方式。

从表 2-3 可以看出，叶片、分蘖的发育主要受播期和土壤墒情的影响，受播种方式较小。不同的播种方式对小麦的次生根发育影响明显，从雨前播种的地块对比看，播后浇水的和未浇水的立旋播种小麦次生根条数、最长次生根长度都明显好于对照，播后浇水的立旋

不同播种方式浇水时间对小麦根系的影响

播种小麦长势更加健壮。当地 10 月 8 日普降一次小雨（平均 8 毫米），相当于播后浇了一遍蒙头水。从雨后播种的地块看，立旋播种的小麦在次生根条数和最长次生根长度两个方面明显好于雨前播种的对比地块。

2. 相州镇小洼村立旋播种技术对比调查（表 2-4）

表 2-4　立旋播种技术与其他播种方式（对照）比较

播种方式	播期	主茎叶片数	分蘖数	次生根条数	最长次生根平均长度（厘米）	备注
对照	10 月 6 日	5	2.4	2.4	9.83	
立旋播种	10 月 18 日	4.2	1.3	2.3	6.54	播前造墒，播量 12.5 千克，11 月初浇水

注：调查地点为相州镇小洼村，调查时间为 12 月 25 日，土壤类型为褐土、黏土，品种为济麦 44。对照为相邻地块，相同品种，其他播种方式。

从表 2-4 可以看出，播前造墒拖后了小麦播期，明显影响了小麦生长发育进程。但从田间长势看，播前造墒的小麦出苗率高、整齐度好。

3. 相州镇相州一村立旋播种技术对比调查（表 2-5）

表 2-5　立旋播种技术与其他播种方式（对照）比较

播种方式	播期	主茎叶片数	分蘖数	次生根条数	最长次生根平均长度（厘米）	备注
对照	10 月 15 日	4	0.6	3.1	4.26	干旱胁迫，11 月初浇水
立旋播种	10 月 15 日	4.2	0.6	3.9	6.27	播后二次镇压，干旱胁迫，11 初月浇水

注：调查地点为相州镇相州一村，调查时间为 12 月 25 日，土壤类型为棕壤、壤土，品种为济麦 44。对照为相邻地块，相同品种，其他播种方式。

从表 2-5 可以看出，在干旱胁迫的条件下，立旋播种的小麦次生根好于对照。该地块小麦播种时土壤相对湿度小于 65％。但从田间调查看，立旋播种后的二次镇压加深了小麦播种深度，导致小麦出苗困难，出苗质量下降。

4. 枳沟镇玉皇村立旋播种技术对比调查（表 2-6）

表 2-6 立旋播种技术与其他播种方式（对照）比较

播种方式	播期	主茎叶片数	分蘖数	次生根条数	备注
对照	10 月 23 日	3.8	2.0	3.6	播后 11 月 20 日浇水
立旋播种	10 月 23 日	3	1.2	2.5	播后未浇水
立旋播种	10 月 23 日	4.2	1.6	4.7	播后 10 月 27 日浇水
立旋播种	10 月 23 日	3.9	2.2	6	播后 11 月 20 日浇水

注：调查地点为枳沟镇玉皇村，调查时间为 12 月 24 日，土壤类型为棕壤、壤土，品种为鲁原 502。对照为相邻地块，相同品种，其他播种方式。

从表 2-6 可以看出，在相同条件下，立旋播种的小麦次生根明显好于对照。同样的播种方式下，播后浇水明显影响小麦长势。

5. 昌城镇姚戈庄村深翻＋立旋播种技术对比调查（表 2-7）

表 2-7 立旋播种技术与其他播种方式（对照）比较

播种方式	播期	主茎叶片数	分蘖数	次生根条数	最长次生根平均长度（厘米）	备注
对照	11 月 15 日	3.1	0.1	1.4	5.3	

（续）

播种方式	播期	主茎叶片数	分蘖数	次生根条数	最长次生根平均长度（厘米）	备注
立旋播种	11月15日	3.9	1.3	3.2	9.4	播后二次镇压

注：调查地点为昌城镇姚戈庄村，调查时间为12月24日，土壤类型为砂姜黑土，品种为济麦22。对照为相邻地块，相同品种，其他播种方式。

从表2-7可以看出，在同等条件下，立旋播种的小麦整体质量明显好于对照。

四、小结

从调查情况可以看出：

（1）立旋播种的小麦苗情普遍好于其他播种方式，主要表现在次生根的生长发育方面。田间调查发现，其他播种方式的小麦次生根普遍卷曲，根层浅；立旋播种的小麦次生根多、壮、直、深（图2-9）。

图2-9　立旋播种下浇水时间对小麦根系的影响

（2）在相同条件下，土壤墒情明显影响小麦出苗质量和苗期长势。在土壤墒情较差的条件下，要积极采取播前造墒或播后浇蒙头水的办法，改善土壤墒情，提高小麦出苗率。但从调查看，黏壤土播前造墒明显拖后小麦播期，影响了小麦发育进程。从播前造墒和播后浇蒙头水的效果看，以播后浇蒙头水为宜。

（3）立旋播种后不要再次镇压。从昌城和相州一村的调查看，尽管立旋播种后再次镇压的地块好于相邻同等地块，但再次镇压易加深播种深度，影响小麦出苗率和苗情质量。

五、深翻＋立旋播种技术要点

（1）机械选择。深翻推荐选择使用带辅犁的液压栅条翻转犁（图 2-10）。

图 2-10　带辅犁的液压栅条翻转犁

立旋播种机推荐使用潍坊悍马立旋整地双镇压小麦精量播种机-320 型（图 2-11）。

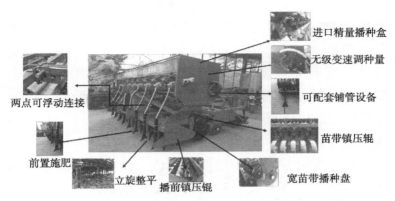

进口精量播种盒

无级变速调种量

可配套铺管设备

苗带镇压辊

两点可浮动连接

前置施肥

立旋整平　播前镇压辊　宽苗带播种盘

图 2-11　第二代立旋整地双镇压小麦精量播种机-320 型

（2）深翻后马上使用立旋播种机播种，有利于保墒抗旱，提高小麦播种质量。尤其遇到旱情较重的年份，深翻后要在不超过 2 小时的时间内抓紧播种。

（3）与微喷、滴灌等节水技术措施配合使用更有利于小麦出苗。立旋播种后马上滴灌或微喷一遍，可提前2～3 天齐苗，小麦出苗整齐，有利于培育壮苗。不建议造墒播种。

（4）从小麦玉米一体化栽培角度出发，为夏玉米免耕直播创造条件，立旋播种应与水肥一体化技术配合使用，小麦可以不用畦埂；调整小麦行距为 20 厘米，苗带宽 5 厘米。

第三章 <<<

小麦玉米周年一体化栽培技术

　　小麦玉米周年一体化栽培是在一年两作种植区的夏秋作物管理上把两季作物作为一个栽培单元来考虑，依据作物与气候的时空统一律、栽培生理学特性互补律的理论基础，运用系统工程原理和方法形成的夏秋粮高产耕作栽培技术体系。通过调整播期，搭配品种以及施肥、灌溉、土壤耕作等一整套耕作栽培制度的改革，使两季作物形成一个有机的栽培整体，使作物栽培与气候变化不仅在地域上，而且在年周期上相统一，以充分发挥作物品种和气候资源的生产潜力。

一、小麦玉米周年一体化栽培的理论基础

　　1. 作物与气候的时空统一律　　这一规律是指作物生产应建立以年为栽培周期的概念，使作物栽培周期与气候的年变化节律相吻合，以充分利用气候资源，提高光能利用效率，发掘作物的增产潜力。

　　2. 小麦玉米两作物栽培生理学特性的互补律　　据研究发现，冬小麦、夏玉米具有 5 个栽培生理学上的互补特性。

　　（1）播期与收获效应互补　　多年的生产实践和研究

表明，冬小麦对播期的反应表现出极大的惰性，播种日期从 9 月下旬至 10 月下旬跨度近一个月，不仅小麦的熟期差别不明显，且通过其他栽培因子效应的调节，最终产量差别也不显著。小麦的适宜收获期在蜡熟末期，此时的千粒重最高，籽粒干物质（65℃烘干）重量占湿重的 59%～61%，干物质比重大于 62%则进入完熟期，千粒重开始降低。如干物质比重占到 65%，千粒重降低约 2 克，生产上有"九成熟十成收，十成熟两成丢"之说。相对来讲，夏玉米对播期反应特别灵敏，早播对夏玉米增产影响显著。玉米的适时收获期为完熟期，达到粒重最大值，而在整个蜡熟期（10～15 天）干物质积累不终止，只是速度放慢，目前生产上普遍存在收获偏早的问题。因此，冬小麦可以适当晚播早收，夏玉米可以适当早播晚收，在不影响小麦产量和品质的前提下，可延长夏玉米生育期 20 多天，实现夏玉米产量和品质的显著提高。

（2）对种植基础的要求互补　小麦对种植基础要求严格，要求精细整地、适期适宜墒情等。夏玉米对种植基础的要求相对宽一些，免耕贴茬播种，一播全苗就可以奠定高产的基础。

（3）水肥措施效应互补　如果小麦冬前种植质量差，缺肥尤其缺磷肥（小麦的磷营养临界期在 1～3 叶期）会造成弱苗，春季采取水肥措施对实现高产难以奏效，几乎没有补救效应。因此，壮苗是小麦高产的关键，要施足底肥，追肥为辅。相反，玉米高产的关键措施在苗期后的水肥运筹上，底肥为辅，追肥为主。

（4）光温反应互补　这是小麦、玉米生理学上的互补特性，小麦为碳三植物，玉米为碳四植物，两种作物对光温利用具有不同生理机制。在温度上，由于小麦、玉米所处的气候时段不同，在各自的生育后期，小麦一般表现为高温迫熟，生理上要求有低温气候条件，以利于正常灌浆与成熟；而玉米要求高于一定的临界温度（16℃）才能正常成熟。对光照的反应研究表明，在灌浆期，当中午自然光照下二氧化碳同化量为负值时，小麦在一定遮阴下为正值，玉米相应时期的光反应则为负值。这是两种作物作为一个栽培整体，充分合理利用气候资源的重要生理基础。

（5）发育弹性互补　小麦、玉米开始穗分化后，发育进程因水肥条件差异表现出不同的弹性，水肥条件充裕，会使小麦发育进程放慢，而玉米则加速。在栽培上小麦要稳，玉米要促。

二、小麦玉米周年一体化栽培技术要点

诸城市属黄淮海小麦玉米一年两熟栽培区。农民群众有一句谚语："小麦压迫玉米，玉米给小麦使绊子"，很形象地说明了小麦玉米一年两熟栽培制度存在的主要问题：一是玉米生育期过短。小麦的最佳收获期是蜡熟末期，此时小麦籽粒容重高、色泽亮。但此时收获的小麦籽粒含水量比较高，一般为27％以上。小麦收获的同时玉米需要马上播种，人手紧张，种粮大户忙不过来，只好推迟小麦收获期，到小麦完熟期含水量降到14％左右才开始收获。小麦延迟收获导致玉米生育期过

短，许多种粮大户的玉米播期推迟至 6 月 20 日之后，这就是农民说的"小麦压迫玉米"。玉米生育期不够导致收获时籽粒灌浆不足，品质差，种粮大户只能卖做青贮饲料。据统计，每亩玉米可收获青贮饲料 2.5 吨左右，每吨价格 290 元左右，收入 725 元。诸城市玉米平均产量在 600 千克左右，按每千克 1.8 元计算，每亩收入 1 080 元，二者相差 355 元。二是小麦病虫害逐年加重。随着玉米产量的逐年提高，玉米秸秆还田量也越来越大。大量的玉米秸秆还田，如果处理不当，首先影响小麦的播种质量，其次是导致小麦根茎类病害和地下虫害逐年加重。这就是农民说的"玉米给小麦使绊子"。要解决一年两熟制度存在的问题必须推广应用小麦玉米周年一体化栽培技术。

要点如下：

1. 合理搭配品种　选择稳产丰产、熟期适中的小麦、玉米良种。

2. 调整收获期和播期，加快机械化作业效率

（1）秋收适当晚收快收，秋播适当晚播快播　董树亭研究指出，当前推广的中晚熟玉米品种生育期较长，要适当早种晚收，确保玉米正常成熟才能获得高产。卜俊周等研究提出，收获时期对玉米产量影响较大，适时晚收是一项不增加任何投入的增产措施。收获期延迟 10 天左右，千粒重平均提高 3.57 克；收获期延迟 20 天左右，千粒重平均提高 5.83 克。以郑单 958 为例，10 月 10 日收获较 9 月 20 日收获增产 22.5％，较 9 月 29 日收获增产 8.8％。目前黄淮海地区生产上主推的玉米品种达到完全成熟，收获期以 10 月 10 日左右为宜，籽粒含水量下降到 28% 以下可作为收获期的标准。张其鲁等研究认为，小麦播期对产量影响不显著。杨洪宾等研究指出，1 800~2 000℃的积温同样可以满足冬小麦全生育期的需要，不影响正常生长和发育。晚播还可以为前茬作物腾出 200~300℃的积温，让其在田间充分灌浆和成熟，有利于大幅度提高秋作物产量和品质，实现一年两季双高产。据解素鹤等研究，诸城地区满足冬小麦冬前生长积温的播种时段是 10 月 3 日至 10 月 18 日，适宜冬前形成壮苗的播种时段是 10 月 4 日至 10 月 9 日。

延伸阅读七

根据长期的实践探索，笔者认为应以 10 月 15 日为冬小麦播种最后截止时间，在此基础上，根据种植规模和农业机械作业效率往前倒推确定小麦的初始播种期。小麦的初始播种期以 10 月 9 日为宜，不能早于 10 月 4 日。

推广小麦深翻＋立旋播种技术。该技术不仅播种质量好，而且播种效率高，一播 16 行，平均每天可播种 13.3 公顷以上。推广玉米自走式联合收获，收获玉米的同时秸秆粉碎还田。根据实践探索，通过大型现代化农机装备的充分运用和社会化农机服务、集约化经营，诸城市 33.3 公顷规模的夏玉米可以推迟至 10 月 9 日开始收获，玉米边收获小麦边播种，完全可以保证在 10 月 15 日前玉米收获完毕、小麦播种到位。

（2）夏收适期收获快收，夏播抢茬直播快播　推行小麦蜡熟末期联合收获，收获后用烘干机烘干代替自然晾干。推广四行玉米免耕精量播种机，四行机代替两行机，小麦收获后马上抢茬直播。据连续多年调查，诸城市小麦蜡熟末期在 6 月 13—15 日，完熟期在 6 月 16—20 日，二者相差 3～5 天。根据实践探索，通过大型现代化农机装备的充分运用和社会化农机服务、集约化经营，诸城市 33.3 公顷规模的夏玉米同比可提前 3～5 天播种。俗语"春争日夏争时"，提前播种对夏玉米增产影响显著。

3. 灌溉制度改革 大力推行滴灌技术，改大水漫灌为节水滴灌，改浇地为浇根，改人工浇水为自动化浇水，按需供水。随着社会经济发展和社会消费水平的逐步提高，工业和城乡居民生活用水与农业用水的矛盾会进一步加剧，农业生产必须提高水资源利用率。

小麦玉米播种后土壤相对含水量低于 75％时，要马上滴灌浇一遍蒙头水，每亩 7～10 米^2，滴灌节水、迅速、均匀，浇后土壤不板结、不起皮，不用划锄，与其他浇蒙头水方式比较可提前 2～3 天出苗，出苗率高、出苗整齐。用滴灌代替播前造墒可提前 4～6 天出苗（表 3-1）。

表 3-1　小麦播种不同灌溉方式出苗结果比较

灌溉方式	灌水量 （米^3）	整地—出苗时间 （天）	出苗率 （％）
播前造墒	30～40	10～12	85
采用"小白龙"水管浇蒙头水	30	8～9	80

（续）

灌溉方式	灌水量 （米³）	整地—出苗时间 （天）	出苗率 （%）
微喷	10	5～7	90
滴灌	7	5～6	90

4. 施肥制度改革 当前，诸城市种粮大户的普遍做法是在播种时一次性大量投入控释肥，中间不再追肥，成本高，肥料利用率差。控释肥是复合肥的一种，受加工技术和成本的限制，配方相对单一，很难因地因作物灵活改变肥料养分配方。

大力推行测土配方施肥技术，代替现在通用的控释肥技术，由一次性施肥改为多次少量施肥，由单一配方改为测土配方，由水肥不耦合改为水肥耦合。测土配方施肥技术可灵活根据当地土壤情况和栽培作物需求制订肥料配方，使肥料配方更全面、更均衡、更有针对性，达到节肥、增产、提质的目的。掺混肥和水肥一体化技术是测土配方施肥技术的实现形式。水肥一体化可以根据作物需水需肥规律，少量多次供应，减少因挥发、淋洗而造成的肥料浪费，保证作物"吃得营养，喝得及时"，从而大大地提高肥料利用率。

5. 土壤耕作制度配套 大力推行秋季深翻加夏季免耕的土壤耕作制度，并且要年年深翻，一次深翻全年两季作物受益。深翻不仅在于打破犁底层，还在于深层掩埋秸秆还田，保证播种质量，提高还田效果。现在通行的做法是一年深翻或深松、2～3年旋耕，在当前秸秆还田量逐年加大的情况下，深松和旋耕都无法保证秸秆还田质量。

6. 规范种植规格　小麦种植规格与玉米种植规格相互配套，小麦行距 20 厘米，苗带宽 5 厘米，间距 15 厘米，为下茬玉米播种创造条件。玉米等行距播种，行距 60 厘米，播种在小麦行间。

7. 统一水肥一体化设备　水肥一体化是现代粮食产业的重要技术方向。统一小麦、玉米水肥一体化设备，做到一套设备两季通用，可以节省投资，方便管理，提高效率。

8. 提高秸秆还田质量　农作物秸秆用好了是一宝，用不好是一害。诸城市从 2008 年开始大力推行秸秆还田，实践证明，秸秆还田是改良土壤、提升土壤有机质含量行之有效的办法。但是，若秸秆还田质量不高，则会明显影响下茬作物的苗情质量，甚至产量。当前，部分地块的秸秆还田质量已经成为影响小麦玉米周年一体化栽培的重要因素。大力推行小麦玉米秸秆粉碎还田（联合收获机加装抛洒器）加深翻的办法，代替过去秸秆粉碎还田加深松、秸秆还田加旋耕的办法，解决上茬秸秆对下茬播种造成的影响，实现变害为利。

三、小麦玉米周年一体化栽培的技术效益

小麦夏玉米周年一体化栽培技术巧妙地利用了两种作物栽培学和生理学上的互补特性，合理安排播期和收获期，减少前后茬作物的矛盾和冲突，高效利用全年的光热资源，在不增加物质投入的情况下，由一季高产变成一年两季双增产，节本增效，减少化肥和化学农药使用量，促进粮食产业的可持续发展。

第四章 <<<

粮食水肥一体化技术

第一节　水肥一体化技术

水肥一体化技术是利用管道灌溉系统，将肥料溶解在水中，同时进行灌溉与施肥，适时、适量地满足农作物对水分和养分的需求，实现水肥同步管理和高效利用的节水农业技术（图 4-1 和图 4-2）。

图 4-1　小麦田水肥一体化技术应用

图 4-2　小麦水肥一体化技术指导

一、水肥一体化技术原理

植物有两张"嘴巴"，根系是它的大嘴巴，叶片是小嘴巴。大量的营养元素是通过根系吸收的，叶面喷肥只能起补充作用。我们施到土壤的肥料怎样才能到达植物的"嘴巴"呢？通常有两个过程。一个是扩散过程。肥料溶解后进入土壤溶液，靠近根表的养分被吸收，浓度降低，远离根表的土壤溶液浓度相对较高，结果产生扩散，养分向低浓度的根表移动，最后被吸收。另一个过程是质流。植物在有阳光的情况下叶片气孔张开，进行蒸腾作用，导致水分损失。根系必须源源不断地吸收水分供叶片蒸腾耗水。靠近根系的水分被吸收了，远处的水就会流向根表，溶解于水中的养分也跟着到达根表，从而被根系吸收。因此，肥料一定要溶解才能被吸收，不溶解的肥料植物"吃不到"，是无效的。在实践中就要求灌溉和施肥同时进行（称为水肥一体化管理），这样施入土壤的肥料被充分吸收，肥料利用率大幅度提高。

二、水肥一体化技术在现代粮食生产中的应用

水肥一体化技术可以实现粮食生产的生产资料（水、肥、药等）、技术（测土配方施肥、氮肥后移等）、人力、管理等诸多要素的高效集约化利用，是现代粮食生产的关键技术之一。

1. 省水省肥　首先，水肥一体化技术可以根据作物需水需肥规律，按需供应，浇水及时，保障作物营养全面、配方平衡；其次，少量多次供应，可以减少因挥发、淋洗而造成的肥料浪费，保证作物"吃得营养，喝得及时"，从而大大提高肥料利用率。一般来说，土壤肥力水平越低，省肥效果越明显，可减少 50％的肥料用量，水量也只有大水漫灌的 40％～50％。

我国以占世界 9% 的耕地、6% 的淡水资源生产出占世界 25% 的农产品，养活世界 20% 的人口。水土资源有限成为关键限制因素，而缺水比缺地更加严峻。从资源利用效率来看，水肥利用效率偏低，如 2014 年我国农业用水总量 3 924 亿米^3，化肥施用量 5 995.94 万吨，水分生产效率平均仅 1 千克/米^3，化肥利用率平均仅 33% 左右。

据王震的研究，我国农业用水短缺，浪费严重，农田灌溉水的利用效率只有 30%～40%，每生产 1 克粮食需要补充水 1.23 米^3，比美国、加拿大高出 1.76 倍。农业是我国最大的用水户，占总用水量的 65% 左右，我国粮食主产区的农业属支柱产业，但农业单位产值耗水量很高，属典型的资源拉动农业产业发展。随着工业和城市化进程的发展，工业和城市用水、农业用水竞争加剧，可供利用的农业用水量将进一步降低，加剧了农业水资源不足的矛盾。在农业和工业、城市用水的竞争中，农业用水显然处于不利地位，农业用水被挤占将不可避免。从工业化国家的发展规律来看，农业用水量所占比例一般会随着经济发展逐步减少，农业用水将面临更趋严峻的形势。因此，如何解决农业灌溉用水问题，已成为当今人们面临的迫切任务。

2. 省工省时 传统的浇水施肥费工费时，工序较多。水肥一体化技术实现了浇水追肥的自动化，且几乎不用人工，省时省力。因为节水，所以轮灌时间短。

3. 增加产量，改善品质 通过水肥一体化技术的应用，小麦玉米齐苗早，播后微喷或滴灌 7～10 米^3 蒙头水，可以提前 2～3 天齐苗，有利于培育壮苗，还有利于延长夏玉米生育期；可以在规模化生产条件下实现测土配方施肥和氮肥后移，营养均衡，满足作物在关键生育期"吃饱喝足"的需要，可使作物达到产量和品质均良好的目标。正常年份可实现单季粮食增产 15％以上，在干旱年份增产效果更加显著。

4. 抗灾减灾 在节水抗旱、小麦抗干热风、玉米抗高温热害、抗病抗倒伏等方面，水肥一体化技术都有突出的作用。

三、技术要点

水肥一体化技术是一项综合技术，涉及农田灌溉、作物栽培和土壤耕作等多方面，其主要技术要点体现在以下 8 个方面：

1. 建立一套灌溉系统 要根据地形、田块、种植单元、土壤质地、作物种植方式、水源特点等基本情况，合理选择配套动力、输水管道、过滤方式、浇水方式等。

延伸阅读八、九

2. 建立一套施肥系统 根据实际条件选择合理的施肥器或者蓄水池和混肥池等。

延伸阅读十

3. 选择适宜肥料种类 选择溶解度高、溶解速度较快、腐蚀性小、与灌溉水相互作用小的肥料。不同肥料搭配使用，应充分考虑肥料品种之间的相容性，避免相互作用产生沉淀或拮抗作用。混合后会产生沉淀的肥料要单独施用。推广应用水肥一体化技术，优先施用能满足农作物不同生育期养分需求的水溶复合肥料。也可选液态或固态肥料，如氨水、尿素、硫铵、硝铵、磷酸一铵、磷酸二铵、氯化钾、硫酸钾、硝酸钾、硝酸钙、硫酸镁等肥料；固态以粉状或小块状为首选，要求水溶性强，含杂质少，一般不应该用颗粒状复合肥（包括国内、外产品）；如果用沼液或腐殖酸液肥，必须经过过滤，以免堵塞管道。

4. 水分管理　根据作物需水规律、土壤墒情、根系分布、土壤性状、设施条件和技术措施，制定灌溉制度，内容包括作物全生育期的灌水量、灌水次数、灌溉时间和每次灌水量等。灌溉系统技术参数和灌溉制度的制定按相关标准执行。根据农作物根系状况确定浸润深度。农作物灌溉上限控制田间持水量在 $85\% \sim 95\%$，下限控制在 $55\% \sim 65\%$。

5. 养分管理　按照测土配方施肥技术要求，根据农作物目标产量、需肥规律、土壤养分含量和灌溉特点制定施肥制度。一般根据目标产量和单位产量养分吸收量，计算农作物所需氮（N）、磷（P_2O_5）、钾（K_2O）等的养分吸收量；根据土壤养分、有机肥养分供应和在水肥一体化技术下肥料利用率计算总施肥量；根据作物不同生育期需肥规律，确定施肥次数、施肥时间和每次施肥量。

6. 水肥耦合　按照肥随水走、少量多次、分阶段拟合的原则，将作物总灌溉水量和施肥量在不同生育期分配，制定灌溉施肥制度，包括基肥与追肥比例以及不同生育期灌溉施肥的次数、时间、灌水量、施肥量等，满足作物不同生育期水分和养分需要。充分发挥水肥一体化技术优势，适当增加追肥数量和次数，实现少量多次，提高养分利用率。在生产过程中应根据天气情况、土壤墒情、作物长势等，及时对灌溉施肥制度进行调整，保证水分、养分主要集中在作物主根区。

7. 灌溉施肥操作

（1）肥料溶解与混匀　施用液态肥料时不需要搅动或混合，一般固态肥料需要与水混合搅拌成液肥，避免出现沉淀等问题。

（2）施肥量控制　施肥时要掌握剂量，注入肥液的适宜浓度大约为灌溉流量的 0.1%。例如，灌溉流量为 50，注入肥液大约为 50 升/亩；过量施用可能致死作物且污染环境。

（3）灌溉施肥的程序　分 3 个阶段：第一阶段，只浇清水；第二阶段，施用肥料溶液灌溉；第三阶段，用清水清洗灌溉系统。

8. 维护保养　每次施肥时应先滴清水，待压力稳定后再施肥，施肥完成后再滴清水清洗管道。在施肥过程中，应定时监测灌水器流出的水溶液浓度，避免肥害。要定期检查、及时维修系统设备，防止漏水。及时清洗过滤器，定期对离心过滤

延伸阅读十一

器集沙罐进行排沙。作物生育期第一次灌溉前和最后一次灌溉后应用清水冲洗系统。冬季来临前应进行系统排水，防止结冰爆管，做好易损部件保护。

总之，水肥一体化技术是一项先进的节本增效的实

用技术，在有条件的粮食家庭农场应积极应用，是助农增收的一项有效措施。

第二节 滴灌技术

与其他浇水方式相比较，滴灌有四大优势：一是节水。传统浇水方式是浇地，通过浇地实现浇根，需水量大，浪费严重；滴灌是直接浇根，直接供给作物水分需求，因此，更节水，也更加节肥。二是保护土壤。滴灌对土壤的破坏性最小，保护性最好，有利于保持土体结构，促进根系发育。三是均匀供水。是否能够均匀供水是衡量浇水方式是否科学合理的一个重要指标，供水均匀才能保证供肥均匀，才能保证作物生长发育的整齐度。四是节能。与喷灌、微喷灌相比，滴灌更加节能。

粮食生产上所用的滴灌带主要分为两类：单翼迷宫式滴灌带，内镶式滴灌带（内嵌式贴片滴灌带）。

单翼迷宫式滴灌带（图4-3和图4-4）成本低，但耐用性差，紊流性能强，易堵塞，多为一次性使用。

图4-3 单翼迷宫式滴灌带

图 4-4　小麦田的单翼迷宫式滴灌带

内镶式滴灌带（图 4-5）抗堵塞性能强，紊流性能强，具备一定压力补偿作用，耐用性强，寿命长，是未来滴灌带的趋势，但成本较迷宫式滴灌带稍高，可以循环多次使用。

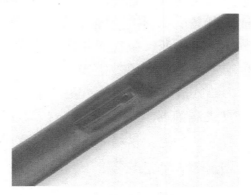

图 4-5　内镶式滴灌带

滴灌技术要点：

（1）避免滴灌施肥过程中过量灌溉的方法　滴灌施肥最担心的问题是过量灌溉。很多农户总感觉滴灌出水少，心里不踏实，结果延长灌溉时间。延长灌溉时间的一个后果是浪费水，另一后果是把不被土壤吸附的养分淋洗到根层以下，浪费肥料，特别是氮的淋洗。通常水溶复合肥料中含尿素、硝态氮，这两种氮源最容易被淋洗掉。过量灌溉时作物常常表现出缺氮症状，叶片发黄，植物生长受阻。

应注意滴灌施肥仅灌溉根系和给根系施肥。因此，一定要了解所管理的作物根系分布的深度。最简单的办法就是用小铲挖开根层查看浸润的深度，从而可以判断是否存在过量灌溉。小麦、玉米苗期浸润深度一般为20厘米，中后期的浸润深度为40厘米。或者在地里埋设张力计监控灌溉的深度。

（2）施肥后及时洗管 施肥后洗管非常重要。一般先滴水，等管道完全充满水后开始施肥。施肥结束后要继续滴半小时清水，将管道内残留的肥液全部排出。许多农户滴肥后不洗管，最后在滴头处生长藻类及微生物，导致滴头堵塞。准确的滴清水时间可以用电导率仪监控。

（3）雨季土壤不缺水时滴灌施肥方法 在土壤不缺水的情况下，施肥要照常进行。一般等停雨后或土壤稍微干燥时进行。此时施肥一定要加快速度，一般控制在30分钟左右完成。施肥后不洗管，等天气晴朗后再洗管。如果能用电导率仪监测土壤溶液的电导率，可以精确控制施肥时间，确保肥料不被淋溶。

（4）控制肥料浓度 很多肥料本身就是无机盐。当浓度太高时会"烧伤"叶片或根系。滴灌施肥一定要控制好浓度。最准确的办法就是测定滴头出口的肥液的电导率。通常范围在1.0～3.0西门子/米是安全的。或者水溶性肥稀释400～1 000倍，或者每立方米水中加入1～3千克水溶性复合肥喷施都是安全的。

（5）滴灌专用PE管的露地使用　由于聚乙烯（PE）配料本身的理化性质为容易被光氧化、热氧化、臭氧分解，在紫外线作用下容易发生降解，所以普通的PE管并不适合在露地使用。滴灌专用的PE管材由于加入了抗老化剂，露地条件（图4-6）下使用寿命可达10年以上。

图4-6　露地使用的滴灌专用PE管的两端要用土埋等办法固定

第三节　微喷技术

微喷又称雾滴喷灌，比喷灌更为省水。由于喷洒时雾滴细小，适应范围比喷灌广泛，农作物从苗期到成长收获期全过程都适用。它通过低压水泵和管道系统输水，在低压水的作用下，通过特别设计的微型雾化喷头，把水喷射到空中，并散成细小雾滴。洒在作物枝叶上或树冠下地面的一种灌水方式，简称为微喷（微喷灌）。微喷既可增加土壤水分，又可提高空气湿度，还可起到调节农田小气候的作用，在小麦成熟期使用（图 4-7）可明显减轻干热风的危害。

图 4-7　小麦田微喷浇水

微喷多用微喷带。微喷带是采用激光或机械打孔方法生产的多孔喷水带。将水用压力经过输水管和微喷带送到田间，通过微喷带上的出水孔，在重力和空气阻力的作用下，形成细雨般的喷洒效果。随工作压力不同，微喷带的喷幅发生变化，压力与喷洒宽度的关系如图 4-8 所示。

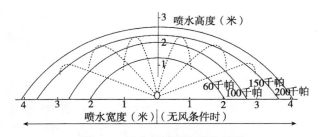

图 4-8　压力与喷洒宽度的关系

微喷带具有喷水柔和、适量、均匀，低水压、低成本，铺设、移动、卷收、保管简单方便等优点。与滴灌相比，微喷的作用效果受风力和作物秸秆的影响较大，肥料的利用率较低，但对于预防小麦干热风和玉米高温热害效果较好。

第四节　小麦氮肥后移延衰高产栽培技术

氮肥后移延衰高产栽培技术是适用于强筋小麦和中筋小麦高产、优质相结合的一套创新技术，包括春季追氮时期后移、底追比例后移、适宜的氮素施用量在内的栽培技术体系。

一、传统施肥方法及其弊端

在冬小麦高产、优质栽培过程中，氮肥应用时间的运筹一般分为两次，第一次为小麦播种前随耕地将一部分氮肥翻耕于地下，称为底肥；第二次为结合春季浇水进行的春季追肥。传统小麦栽培，底肥一般占60%～70%，追肥占30%～40%；追肥时间一般在返青期至起身期。还有的在小麦越冬前浇冬水时增加一次追肥。上述施肥时间和底肥比例使氮素肥料重施在小麦生育前期，在高产田中会造成麦田群体过大，无效分蘖增多，小麦生育中期田间郁蔽，麦田透光性较差，下部叶片不能有效利用太阳光能，倒伏危险增大，后期易早衰，影响产量和品质。同时，由于小麦生育前期，根系不发达，次生根数量少，很难有效吸收土壤中的氮肥，氮素又难以被土壤固定，会随着降水渗入土壤深处，很难再被作物吸收利用，氮肥利用效率降低。

二、氮肥后移技术原理

冬小麦的生育期一般为 230～270 天。小麦从播种、出苗到返青、起身期这段时间大约占小麦整个生育期的 2/3，而这段时期小麦总的生长量不足小麦生育期内总生长量的 1/10。小麦生育中、后期的时间占小麦整个生育期的 1/3，但生长量占到了小麦总生长量的 9/10，由于此时小麦根系发达，生长速度快，需肥量大，对氮肥吸收利用率高。小麦开花后，光合产物积累多，养分向籽粒分配比例大。

据刘兴海等研究，冬小麦生育前期施氮过多，是造成田间群体大、基部节间长、成穗率低、穗小粒少、千粒重低、生育延迟等的主要原因，因而生育前期是引起冬小麦贪青、晚熟和倒伏的"危险施肥时期"，也叫"氮素的过剩敏感期"。冬小麦生育前期不施氮或者底施氮不过量时，生育中、后期重施氮肥不仅不会引起贪青、倒伏，而且能大大提高小麦后期的光合生产率和抗逆性，达到成穗率高、小穗退化少和提高粒重的明显效果，使抽穗后的干物质生产量达到籽粒产量的 90% 左右，尤其是春五叶露尖的中期施肥（即拔节肥）可明显提高小麦产量。因此，拔节期是冬小麦的"氮素最大效益期"，也叫"氮素不足敏感期"，也是冬小麦抗逆栽培技术中的安全、经济施肥期。

三、氮肥后移的技术要点与效果

氮肥后移技术是适用于冬麦区中高产田（每亩产 350 千克以上）的强筋和中筋小麦高产、优质相结合的栽培技术，晚茬弱苗、群体不足等麦田不宜采用。其技术要点是将氮素化肥的底肥比例减少到 50％，追肥比例增加到 50％；而土壤肥力高的麦田底肥比例为 30％～50％，追肥比例为 50％～70％；同时将春季追肥时间后移，一般后移至拔节期，土壤肥力高的麦田采用分蘖成穗率高的品种，可移至拔节期至旗叶露尖时。运用氮肥后移技术，可以有效地控制无效分蘖过多增生，塑造旗叶和倒二叶健拔的株型，使单位土地面积容纳较多穗数；能够促进根系下扎，提高土壤深层根系比重，提高生育后期的根系活力，有利于延缓衰老，提高粒重；能够控制营养生长和生殖生长并进阶段的植株生长，有利于干物质的积累，减少碳水化合物的消耗，促进单株个体健壮，有利于小穗小花发育，增加穗粒数；能够促进开花后光合产物的积累和光合产物向作物器官运转，有利于较大幅度地提高作物产量和经济系数，显著提高籽粒产量。

四、栽培措施

氮肥后移技术是一整套高产高效的栽培技术体系，每一环节都有一定的技术指标，具体栽培措施如下：

1. 培肥地力，施好肥料　总施肥量一般每亩施有机肥 3 000～4 000 千克、氮 14～16 千克、磷（P_2O_5）

7千克、钾（K_2O）5～7千克。一般肥力麦田，有机肥100％，氮肥50％，全部的磷肥、钾肥均施作底肥，第二年春季拔节期再施剩余的50％氮肥。土壤肥力较高的麦田，有机肥100％，氮肥的1/3，钾肥50％，全部的磷肥作底肥，第二年春季拔节时再施剩余的2/3氮肥和50％钾肥。

2. 确定合理群体　对于分蘖成穗率高的中穗型品种，适宜每亩8万～12万基本苗，每亩40万穗。对于分蘖成穗率低的大穗型品种，适宜每亩13万～16万基本苗，每亩30万穗。

3. 提高整地质量，适期、精细播种。

4. 浇冬水　在小雪前后浇冬水，11月底12月初结束。注意节水灌溉，每亩不超过40米^3，不施冬肥。

5. 拔节期追肥浇水　将生产中的返青期或起身期施肥浇水改为拔节期至拔节后期追肥浇水，一般分蘖成穗率低的大穗型品种在拔节期，分蘖成穗率高的中穗型品种在拔节期至拔节后期追肥浇水。

五、氮肥后移小麦增产原因分析

1. 控制春季无效分蘖，创建合理群体结构　小麦返青期到起身期正是春季分蘖的时期，这期间追施氮肥正好作用于分蘖的产生。如果是中低产田，冬前分蘖数量不足，这期间追施氮肥促使分蘖增加，对增产是有利的；高产田则相反，分蘖的过量增加只能会引起田间郁蔽，增加后期倒伏的危险。山东省农业科学院黄承彦等研究认为，冬小麦冬前分蘖充足的情况下，春季分蘖通常为无效蘗，因此，高产麦田这个时期追施氮肥，只会造成养分的浪费，而不会带来任何更好的效果。怎样判断小麦冬前分蘗数量足与不足呢？据黄承彦等研究，小麦高产田每亩目标穗数为：中穗型品种 40 万穗左右，多穗型品种 50 万穗左右，大穗型品种 45 万穗左右，冬前每亩茎蘗数如果能够达到上述目标穗数的 1.2～1.5 倍就足够了。

2. 增强根系活力，延缓植株衰老 小麦氮肥后移之后，能够促进根系下扎，提高土壤深层根系的比重，小麦生育后期的根系活力增强，对增加粒重是有利的。山东农业大学利用放射性同位素^{32}P（磷）标注法研究养分运转分配，结果表明，氮肥后移后，根系的总吸收能力、不同层次根系的吸收能力和向叶片运输^{32}P 的数量都有所提高，从而促进了作物器官的发育。

3. 促进小穗小花发育，增加小麦穗粒数 拔节期正值小麦雌雄蕊原基分化期，此期追施氮肥能够巩固小穗小花数量，避免衰老退化。这个阶段新的分蘗增加的可能性已经不大，小麦进入单茎生长与穗粒分化并进的关键时期，这期间追肥除了增大茎叶等营养体外，对促进穗大粒多是至关重要的。

4. 优化光合产物分配，提高小麦经济系数 据有关研究，在高产栽培条件下，同样用量的氮肥（3.25 千克/亩），分别在起身期、拔节期、挑旗期追施，以拔节期、挑旗期追施提高千粒重效果最好，分别达到30.5 克和 30.4 克，起身期为 28.5 克。据于振文等研究，在小麦挑旗期，利用标记^{14}C（碳）分析不同时期追施氮肥同化物运转分配情况，发现拔节期追施氮肥的处理向籽粒转移同化物的效果最好，显著高于起身期，且旗叶中滞留养分的比例以及向其他营养器官分配的比例都有所减少，这对于提高小麦粒重和旗叶的光合效率是十分有利的。

六、氮肥后移技术的生产效果

经多年的生产实践证实，氮肥后移技术显示出良好的经济效益和环境效益：一是可显著提高小麦的籽粒产量，较传统施肥增产 10％～15％；二是可明显改善小麦的籽粒品质，氮肥后移不仅可以提高小麦籽粒蛋白质和湿面筋含量，还能延长面团形成时间和面团稳定时间，最终显著改善优质强筋小麦的营养品质和加工品质；三是减少氮肥损失，提高氮肥利用率 10％以上，减少了氮肥对环境的污染。

第五节　夏玉米氮肥后移技术

一、夏玉米氮肥后移技术原理

夏玉米生育期内吸肥能力强，需肥量大，充足的养分供应是夏玉米高产的关键。已有研究表明，夏玉米对氮肥敏感，且耐肥性强，施氮增产效果显著。合理施用氮肥对于提高夏玉米产量和氮肥利用率、减轻环境压力具有重要意义。

从夏玉米整个生育期对养分的吸收积累量和吸收速率变化看，在拔节至大喇叭口期和吐丝至灌浆中期，氮素吸收积累量大、吸收速率高，拔节至大喇叭口期是营养生长的氮素吸收关键期，吐丝至灌浆中期是生殖生长的氮素吸收关键期。有研究表明，夏玉米氮素积累量占总积累量，吐丝前是 53.22％～59.70％，吐丝以后是40.30％～47.78％，籽粒灌浆期仍需要吸收较多氮素。氮肥后移能有效促进夏玉米生育后期对氮素的吸收利用，降低夏玉米茎和叶片中氮素的转运率；显著增强灌浆期夏玉米穗位叶硝酸还原酶活性，提高叶片游离氨基酸含量，有利于碳氮元素向穗粒转移，增加蛋白质产量。生产中应采取后期追施氮肥等措施，保证土壤有效氮的充足供应，促进夏玉米籽粒灌浆而增产。

据王宜伦等研究，氮肥后移可提高夏玉米植株氮积累量和氮肥利用效率，促进夏玉米籽粒灌浆，增加了百粒重和产量。晚收条件下叶片和其他器官中的氮向茎和籽粒转移。以"30％苗肥＋30％大喇叭口肥＋40％吐丝肥"方式施氮增产效果和氮肥利用效率最佳。夏玉米氮素积累量增加是晚收增产的原因之一，氮肥后移可促进晚收夏玉米对氮素的吸收利用进而提高产量，是夏玉米增产的重要施肥技术。

边大红等研究发现，合理的施氮时期可显著促进夏玉米茎秆基部节间发育，显著降低节间长粗比值，增强植株抗茎倒伏能力；种肥、苗肥作用最显著，但因粒重较低从而降低了增产幅度；拔节期施氮可使节间长增长迅速从而导致节间长粗比值增加，植株抗茎倒伏能力降低，玉米栽培管理中应尽量避免；大喇叭口期施氮可明显促进茎粗增加，进而降低节间长粗比值和田间倒伏率，同时穗粒数和粒重较高，增产幅度最大。因此，根据前人研究结果，采用播种期或苗期少量施氮、大喇叭口期重施氮肥的分次施氮措施，有利于促进夏玉米茎秆和雌穗发育，提高夏玉米产量及植株抗茎倒伏能力。关于最佳氮肥配比有待进一步研究。

二、夏玉米氮肥后移技术要点

（1）高产田，地力基础好，追肥数量多，最好采用轻施苗肥、重追穗肥、补追花粒肥的办法，苗期用量占总氮量的 30%，穗肥占 50%，花粒肥占 20%。

（2）中产田，地力基础较好，追肥数量较多，宜采用施足苗肥和重追穗肥的二次施肥法，苗肥约占 40%，穗肥约占 60%。

（3）低产田，地力基础差，追肥数量少，采用重苗肥、轻追穗肥效果好，苗肥约占 60%，穗肥约占 40%。

第五章 <<<

小麦玉米病虫害
综合防控技术

第一节　概　　述

控制小麦、玉米病虫害要坚持"预防为主，综合防治"的植保方针。要大力推广分期治理、混合施药兼治多种病虫草技术，小麦要抓好秋播苗期、返青拔节期和穗期的"三期"综合治理，玉米要抓好播种期、苗期和穗期的"三期"综合治理，全面有效地控制病虫草害，确保粮食安全优质丰产。一是加强预测预报，及时发布病虫信息，指导有效防治。二是加大抗病虫品种推广力度。推广抗病虫品种是解决多种主要病虫害的有效手段之一。三是加强健身栽培，把栽培措施与控制病虫草害有机地结合起来，精耕细作，足墒、精量以及适期播种，平衡施肥，增施有机肥和科学浇水，减轻多种病虫草害的发生。

一、小麦玉米病虫草害发生规律

小麦、玉米主要病虫草害的发生有明显的阶段性，特别是小麦的秋播苗期、返青拔节期和穗期，玉米的播种期、苗期和穗期，掌握其发生规律，可以提高防治的针对性和有效性。

1. 小麦病虫草害发生规律　近年来，随着机械联合收获、统一耕种的普及，免耕、秸秆还田等耕作制度的改革，以及气候因素的改变，小麦病虫草害的发生有了新的变化，总的表现为小麦病虫害的发生呈逐年加重的趋势，病虫草害的发生面积逐年扩大，主要病虫偏重发生频率提高，新的病虫草害不断出现，为害程度加重，扩散加快，病虫草害抗药性种群出现。

诸城市小麦病虫害主要以纹枯病、白粉病、锈病、麦蚜、麦蜘蛛等为主。随着小麦机收大面积的应用，麦秸高留茬为小麦根病、赤霉病和叶枯病等弱寄生性病害的菌源积累提供了有利条件，使得小麦根病发生日趋严重，特别是纹枯病、全蚀病和根腐病，对高产优质小麦危害严重。

小麦重大病虫害如小麦根病（包括小麦纹枯病），随着小麦单产的提高越来越重，且目前缺乏抗病品种。因为当前小麦推广品种多数抗小麦白粉病，所以小麦白粉病仅在感病品种种植区内在高肥水条件下造成一定损失。小麦蚜虫仍是小麦成株期的主要害虫，由于化学农药的大量应用致使病虫害的抗药性增加，小麦蚜虫对有机磷的抗性明显增加，其大范围、高密度、严重为害的格局将会持续。小麦条锈病是靠气流传播的暴发性、流行性病害。当前推广的小麦品种对条锈病均感病。由于大量连续使用农药，有些病虫草害产生了抗药性，使防治效果下降或无效。

（1）小麦秋播苗期主要病虫害　苗期是小麦多种病虫草害的初发期，是综合防治的关键时期。主要危害有地下害虫、纹枯病、全蚀病、小麦锈病、白粉病等。

（2）小麦返青拔节期主要病虫害　返青拔节期是纹枯病、全蚀病、根腐病等根病和丛矮病、黄矮病等病毒病的又一次侵染扩展高峰期，也是麦蜘蛛、金针虫等地下害虫和草害的危害盛期，是小麦综合防治关键环节之一。

（3）小麦穗期主要病虫害　穗期是小麦蚜虫、白粉病、锈病、叶枯病、赤霉病和颖枯病等集中发生期。

（4）麦田主要杂草　诸城市主要禾本科杂草有雀麦、节节麦、野燕麦、看麦娘等，阔叶杂草主要有播娘蒿（麦蒿）、荠菜、猪殃殃、藜、小藜、阿拉伯婆婆纳、田紫草（麦家公）、泽漆、刺儿菜、田旋花、打碗花、扁蓄、繁缕等。近年随着麦田除草技术的推广应用，由于除草剂品种（苯磺隆、2，4-二氯苯氧乙酸为主）单一且连续使用，原来的多种阔叶杂草被苯磺隆、2，4-二氯苯氧乙酸等抑制，麦田草相发生了变化，播娘蒿、荠菜等阔叶杂草得到了有效控制，但也导致了难以防除的节节麦、野燕麦、日本看麦娘、雀麦等禾本科杂草及猪殃殃、田旋花等上升为麦田的主要恶性杂草。

2. 玉米病虫草害发生规律

（1）玉米播种期主要病虫害　播种期的病虫害主要有粗缩病、丝黑穗病、苗枯病和地下害虫等。玉米粗缩病是由灰飞虱传播的病毒病，要坚持治虫防病、综合防治的原则，力争把传播媒介昆虫灰飞虱消灭在传播病害之前。

（2）玉米苗期主要病虫害　主要病虫害有二代黏虫、玉米螟、红蜘蛛、蓟马等。防治目标是：二代黏虫玉米 2 叶期百株 10 头，玉米 4 叶期百株 40 头；玉米螟为花叶株率 10%。

（3）玉米穗期主要病虫害　这一时期是多种病虫害的盛发期，主要有玉米蚜、三代黏虫、叶斑病、茎基腐病、锈病等。防治目标为玉米蚜百株 1.5 万头；三代黏虫直播玉米百株 120 头，套播玉米百株 150 头；大斑病、小斑病和弯孢菌叶斑病均为抽穗前后病叶率 10%～20%；玉米穗虫百株 30 头。

（4）玉米田主要杂草　据韩世栋的研究，潍坊市玉米田主要杂草群落有：牛筋草＋马齿苋＋铁苋菜＋苘麻，马唐＋狗尾草＋反枝苋＋藜，马唐＋牛筋草＋苘麻＋田旋花三种类型。据观察，禾本科杂草出草时间一般比阔叶杂草提前约 5 天，玉米生育前期禾本科杂草出草快，后期阔叶杂草出草量大。山东省潍坊市一般 7 月初夏玉米田杂草达出苗高峰，以后随着气温升高及降水量加大，杂草出苗数增加，至 7 月 20 日前后达最高值。以后由于杂草之间的竞争产生群体调节作用，个体较小的杂草因对水、肥、光的竞争能力差而死亡，使杂草群体株数减少。另外，夏玉米田杂草发生的消长规律因耕作制度不同而有所差异。旋耕灭茬夏玉米田杂草的发生时期较为集中，从播种后开始可持续 1 个多月，出草高峰期在播后第 15～35 天，高峰期的出草量占总出草量的 88.9%。板茬夏玉米田有两个出草高峰期，通常播

后第 5～10 天出现第一个高峰期，出草占总出草量的
25.8％，播后第 25～35 天出现第二个高峰期，出草量
占总出草量的 50.1％。

二、小麦玉米病虫害防治技术作业流程

1. 深翻 玉米收获后深翻可掩埋有机肥料、作物
秸秆、杂草和病虫有机体，有效减轻病虫草害的发生
程度。

2. 微囊悬浮种衣剂拌种 小麦微囊悬浮种衣剂的
有效期可长达 180 多天，玉米微囊悬浮种衣剂的有效期
可长达 90 多天，可以明显减少化学农药的用量和使用
次数。

3. 小麦化学除草 秋季小麦 3 叶后大部分杂草出
土，杂草小，易灭杀，是化学除草的有利时机，一次防
治基本能够控制麦田草害，对后茬作物影响小，要抓住
冬前这一有利时机适时开展化学除草。

4. 玉米化学除草 玉米播后出苗前可选用自走式
植保机化学除草。如遇干旱，可用浇蒙头水的办法为苗
前化学除草创造条件，浇蒙头水后适时化学除草。采用
带有喷药装置的播种机喷洒土壤封闭型除草剂一次完
成，播后苗前土壤墒情适宜时用 40％乙阿合剂（或
48％丁草胺·莠去津、50％乙草胺）等除草剂，兑水后
进行封闭除草。未进行土壤封闭除草或封闭除草失败的
田块，可在玉米出苗后至 6 叶前用 48％丁草胺·莠去
津或 4％烟嘧磺隆等兑水后进行苗后除草。不重喷、不
漏喷，并注意用药安全。

5. 小麦"一喷三防" 见第三节。

6. 玉米"一防双减" 见第四节。

第二节 农药微囊技术

一、微囊悬浮剂

微囊技术是一种用天然或合成高分子成膜材料，把分散的固体、液体或气体包覆，使形成微小粒子的技术。该技术通过密闭的或半透性的壁膜，将目的物与周围环境隔离开来，从而达到保护和稳定芯材、屏蔽气味或颜色、控制释放芯材的目的。农业微囊悬浮剂是利用微囊技术把农药活性成分包覆在高分子囊壁材料中，形成微小（1～50微米）小球（微囊）并稳定地悬浮在水中的制剂。外观是淡灰色、可流动的液体。

微囊悬浮剂施用于叶面和土壤后，药剂的有效成分通过渗透扩散作用从微囊囊壁内释放出来发挥药效，其释放快慢可以通过配方和加工工艺调节，并决定着药效的高低和持效期的长短。因此，它分为两种类型：快速释放型，见效快，持效期短；缓慢释放型，释放慢，见效慢，持效期长，药害轻。

二、农药微囊悬浮剂的优点

1. 降低农药的毒性 微囊悬浮剂的囊膜具有控制释放能力，可抑制农药的挥发性，掩蔽其原有的异味，降低接触毒性和吸入毒性，从而可以降低农药的毒性，使高毒农药低毒化，减轻了对人畜的刺激性，降低对环境的污染，对鱼类的毒性也大为降低。农药微囊化后，毒性一般可降至原来的 $1/20\sim1/10$，有的甚至可降至几百分之一。

2. 延长农药的持效性　农药微囊化后，不易受到环境因素如阳光、雨水、大气和微生物等的影响而引起的破坏和流失，控制释放技术使微囊剂具有缓释化的功能，使农药有效成分缓慢释放，从而延长农药的持效期，减少农药的用量，提高农药的利用率，巩固防治效果，增强农药本身的稳定性。

3. 提高杀虫效果　农药微囊化后，杀虫效果一般可提高 20％左右，原药使用量最低可减少一半，持效期可延长 $2\sim8$ 倍。

4. 降低农业成本　农药微囊化后，原药使用量可减少到原用量的 30％～50％，介质由有机溶剂改为水，降低了农药成本。由于农药微囊化后延长其持效性，杀虫效果也得到提高，使得一个生长周期内农药使用的次数大为减少，农药用量降低，因此，病虫草害防治成本降低。另外，还可人为地合理控制农药持效期，满足不同防治对象的要求。

5. 降低对环境的危害　由于农药微囊化后，介质由有机溶剂改为水，去掉了苯和甲苯等高污染的有机溶剂，且控制释放的功能提高其利用率，延长了持效性，从而降低了农药的用量和使用频率，可有效控制农药对地下水的污染，防止生态环境的恶化。加之，农药毒性降低，大大降低了对环境的危害。

三、农药微囊技术的应用前景

随着人们对绿色食品的需求增加，农药的毒性和残效性引发人们极大的关注，对新农药的研究与开发提出了更高的要求。同时，由于施用农药不当，造成害虫和病菌产生抗药性，导致许多病虫害频频暴发成灾，使人类不得不投入更多的资金和力量去研制毒性更大的农药，结果造成病虫害防治上的恶性循环，生态环境也遭到了严重破坏，不利于农业经济的可持续发展。

因此，开发新型的高效、低毒农药已成为农药行业的一项紧迫任务。农药微囊悬浮剂正是当前农药新剂型中技术含量最高、最具开发前景的一种新剂型。农药微囊悬浮剂的多种优点促进了农药品种的改进和完善，促成了新农药品种的成功开发和推广应用，目前正成为农药新剂型的一个发展趋势。随着人们对食品安全、环境保护和可持续发展意识的不断提高，微囊农药已成为农药剂型的重要发展方向，具有广阔的应用前景。

四、微囊悬浮剂在小麦、玉米拌种剂上的应用

10％的噻虫嗪微囊悬浮剂140克加3％的苯醚甲环唑悬浮种衣剂30克可处理小麦种10～20千克、玉米种5千克。用于小麦拌种时先兑水120～330毫升，混匀后再拌种。用于玉米拌种时先兑水120～160毫升，混匀后再拌种。拌种后在阴凉处摊开晾干备用，严禁日晒。

小麦微囊悬浮种衣剂的有效期可长达180多天，玉米微囊悬浮种衣剂的有效期可长达90多天，可以明显

减少化学农药的用量和使用次数。

第三节　小麦"一喷三防"技术

"一喷三防"是小麦生长发育中、后期管理的重要技术措施，是指在小麦生长中、后期（图 5-1），通过叶面喷施植物生长调节剂、叶面肥、杀菌剂、杀虫剂等混配液，通过一次施药达到防干热风、防病虫、防早衰的目的，实现增粒增重的效果，确保小麦丰产增收。

图 5-1　小麦生长中、后期

一、"一喷三防"技术原理

1. 高效利用，养根护叶　选用磷酸二氢钾等叶面肥直接进行根外喷施，植株吸收快，养分损失少，肥料利用率高，健株效果好，可以快速、高效起到养根护叶的作用。

2. 改善条件，抗逆防衰　喷施"一喷三防"混配液可以增加麦田株间的空气湿度，改善田间小气候，增加植株组织含水率，降低叶片蒸腾强度，提高植株保水能力，可以抵抗干热风危害，防止后期植株青枯早衰。

3. 抗病防虫，减轻危害　叶面喷施杀菌剂，可以产生抑制性或抗性物质，阻止锈病、白粉病、纹枯病、赤霉病等病原菌的侵入，抑制病害的发展蔓延，降低上述各种病害造成的损失。叶面喷施杀虫剂，农药迅速进入植株体内，蚜虫等刺吸式害虫因吸食植株或籽粒中的含药汁液而被杀灭。有些农药同时对害虫有触杀和熏蒸作用，可通过喷药直接杀死害虫，从而降低虫口密度或彻底消灭害虫，以防止或减轻害虫对小麦生产造成的损失。

4. 延长灌浆，提高粒重　喷施植物生长调节剂后，可以延缓小麦根系衰老，促进根系活力，保持小麦灌浆期根系的吸收功能。减少小麦叶片水分蒸发，避免干热风造成植株大量水分损失而导致青枯早衰。促使小麦叶片的叶绿素含量提高，延长叶片功能期，延缓植株衰老，促进叶片强光合作用，增强碳水化合物的积累和转化，促进籽粒灌浆，提高粒重，增加产量。

二、"一喷三防"技术要点

1. 小麦中、后期病害的防治　"一喷三防"作业（图5-2）时期是在小麦抽穗扬花至灌浆期。这一时期的病害主要有白粉病、锈病、纹枯病、赤霉病等。防治小麦锈病、白粉病的主要农药有三唑酮、烯唑醇、戊唑醇、氟环唑、己唑醇、腈菌唑、丙环唑等，兑水均匀喷雾防治。防治赤霉病的药剂主要有氰烯菌酯、烯肟菌酯·多菌灵、戊唑醇、咪鲜胺、多菌灵、多·酮（多菌灵和三唑酮复配剂）等兑水均匀喷雾防治。在小麦齐穗至扬花初期（10％扬花）喷药。多菌灵和三唑酮混用可以防治赤霉病、白粉病、锈病和纹枯病等多种病害。

图 5-2　小麦"一喷三防"作业

2. 小麦中、后期虫害的防治　小麦生长中、后期的害虫主要有蚜虫、红蜘蛛等。防治蚜虫可用吡虫啉、高效氯氰菊酯、吡蚜酮等农药兑水均匀喷雾防治。

3. 小麦生长后期干热风的预防　为了简化工序，节省生产成本，可以针对上述病虫害及干热风发生情况，配制有抗干热风、防早衰功能的植物生长调节剂、叶面肥、杀菌剂和杀虫剂的混合液进行叶面喷施。

三、"一喷三防"注意事项

（1）用药量要准确。一定要按具体农药品种使用说明操作，确保准确用药，各计各量，不得随意增加或减少用药量。

（2）严禁使用高毒有机磷农药和高残留农药及其复配品种。要根据病虫害的发生特点和发生趋势，选择适用农药，采取科学配方，进行均匀喷雾。

（3）配制可湿性粉剂农药时，一定要先用少量水溶化后再倒入施药器械内搅拌均匀，以免药液不匀导致药害。

（4）小麦扬花期喷药时，应避开授粉时间，一般在上午 10 时以后进行喷洒，喷药后 6 小时内遇雨应补喷。

（5）严格遵守农药使用安全操作规程，确保操作人员安全防护，防止中毒。

（6）购买农药时一定要到"三证"齐全的正规门店选购，拒绝使用所谓改进型、复方类等不合格产品，以免影响防治效果。

第四节　玉米"一防双减"技术

玉米"一防双减"（图 5-3）是指在玉米大喇叭口期一次施药兼治多种病虫，以减少玉米中、后期穗虫发生基数、减轻病害流行程度，解决玉米中、后期病虫害防治难题，保护玉米植株正常生长，提高叶片的光合效能，实现玉米增产增效的重要技术措施。

玉米中、后期是产量形成的关键时期，也是多种病虫害的集中发生期，具有暴发强、危害重、防治难的特点。玉米中、后期病虫害防治难，一直是困扰玉米生产的瓶颈问题。一是防治难。玉米中、后期株高行密，人和喷药机械很难进地，正值高温季节，许多农民放弃防治。二是防治技术性强。玉米大喇叭口后期为防治适期，时间短且需一次施药兼治后期多种病虫害，技术性强，农民难以掌握。三是防治成本高。不论农药还是人工成本均在上涨，农民不愿防治。

技术要点：玉米大喇叭口期施药，防治病害主要有玉米褐斑病、叶斑病、锈病等；防治虫害主要有玉米螟、黏虫、棉铃虫、蚜虫、桃蛀螟等。推荐用药：20％氯虫苯甲酰胺悬浮剂，1％甲维盐水分散粒剂；或每亩用20％氯虫苯甲酰胺悬浮剂5～10毫升或22％噻虫嗪水分散粒剂（6～8克）＋30％苯醚甲环唑或丙环唑乳油20毫升混合喷雾，或高氯氟微囊悬浮剂（15～20毫升）＋25％吡唑醚菌酯乳油30毫升混合喷雾。

图 5-3　玉米"一防双减"作业

第五节　草地贪夜蛾的防治

草地贪夜蛾（学名：*Spodoptera frugiperda*）：是夜蛾科灰翅夜蛾属的一种蛾。起源于美洲热带和亚热带地区，广泛分布于美洲大陆，具有适生区域广、迁飞速度快、繁殖能力强、防控难度大的特点。2018 年在非洲造成高达 30 亿美元的经济损失，是联合国粮食及农业组织（FAO）全球预警的重要农业害虫，于 2019 年出现在中国大陆 19 个省份与台湾地区。

一、生物特性

1. 杂食性 草地贪夜蛾的幼虫食性广泛，杂食，可取食超过 76 个科、超过 350 种植物，其中又以禾本科、菊科与豆科为大宗。草地贪夜蛾的成虫则以多种植物的花蜜为食。

2. 适生广泛性 草地贪夜蛾无滞育现象，适宜发育温度为 11～30℃，在 28℃ 条件下，30 天左右即可完成一个世代，而在低温条件下，需要 60～90 天。成虫具有趋光性，一般在夜间进行迁飞、交配和产卵，卵块通常产在叶片背面。成虫寿命可达 2～3 周，在这段时间内，雌成虫可以多次交配产卵，单头雌虫可产卵块 10 块以上，卵量约 1 500 粒。在适合温度下，卵经 2～4 天孵化为幼虫。

3. 迁飞扩散性 草地贪夜蛾成虫可在几百米的高空中借助风力进行远距离定向迁飞，每晚可飞行 100 千米。成虫通常在产卵前可迁飞 100 千米，如果风向风速适宜，迁飞距离会更长。有报道称草地贪夜蛾成虫在 30 小时内可以从美国的密西西比州迁飞到加拿大南部，长达 1 600 千米。

二、形态特征

1. 虫卵（图 5-4） 通常 100～200 粒堆积成块状，多由白色鳞毛覆盖，初产时为浅绿或白色，孵化前渐变为棕色。卵粒直径 0.4 毫米，卵高 0.3 毫米。卵多产于叶片背面，玉米喇叭口期多见于近喇叭口处。适宜温度下，2～3 天孵化。

图 5-4　虫卵形态

2. 幼虫（图 5-5）　一般有 6 个龄期，体长 1～45 毫米，体色有浅黄、浅绿、褐色等多种，最为典型的识别特征是末端腹节背面有 4 个呈正方形排列的黑点，三龄后头部可见倒 Y 形纹。

3. 成虫（图 5-6）　翅展 32～40 毫米，前翅深棕色，后翅白色，边缘有窄褐色带。雌蛾前翅呈灰褐色或灰色棕色杂色，具环形纹和肾形纹，轮廓线黄褐色；雄蛾前翅灰棕色，翅顶角向内各具一大白斑，环状纹后侧各具一浅色带自翅外缘至中室，肾形纹内侧各具一白色楔形纹。

图 5-5　幼虫形态

图 5-6　成虫形态

4. 蛹（图 5-7）　体长 15～17 毫米，体宽 4.5 毫米，化蛹初期体色淡绿色，逐渐变为红棕及黑褐色。常在 2～8 厘米深的土壤中化蛹，有时也在果穗或叶腋处化蛹。

化蛹后10天　　化蛹后7天　　化蛹后2天　　化蛹后1天

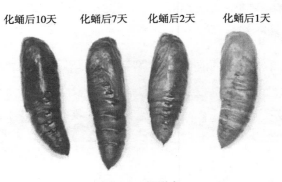

图 5-7　蛹形态
（图片由赵胜园博士提供）

三、玉米田间为害症状

在玉米上，一龄至三龄幼虫通常隐藏在心叶、叶鞘等部位取食，形成半透明薄膜"窗孔"；低龄幼虫还会吐丝，借助风扩散转移到周边的植株上继续为害；四龄至六龄幼虫对玉米的为害更为严重，取食叶片后形成不规则的长形孔洞，可将整株玉米的叶片取食光，也会钻蛀心叶、未抽出的雄穗及幼嫩雌穗，影响叶片和果穗的正常发育。苗期严重被害时生长点被破坏，形成枯心苗（图 5-8）。

玉米苗期为害症状　　　玉米喇叭口期为害症状　　　玉米雄穗和雌穗为害症状

图 5-8　玉米田间为害症状

四、应急防治措施

抓住低龄幼虫的防控最佳时期，施药时间最好选择在清晨或者傍晚，注意喷洒在玉米心叶、雄穗和雌穗等部位。可选用防控夜蛾科害虫的新型高效低毒药剂喷雾防治。

防治目标：玉米田苗期被害株率大于 10%，大喇叭口期被害株率大于 30%，穗期被害率大于 10%。

联合国粮食及农业组织推荐及国外用于应急防治的化学药剂有氯虫苯甲酰胺、氟氯氰菊酯、溴氰虫酰胺等。

中国农业科学院植物保护研究所科研团队通过室内药效试验和田间小区试验提出，防治效果较好的药剂有氯虫苯甲酰胺、乙基多杀菌素和甲氨基阿维菌素苯甲酸盐等化学农药，以及多杀菌素、苏云金杆菌、白僵菌等生物农药。

第六章 <<<

诸城市粮食生产
防灾减灾技术

一、诸城市自然灾害发生情况

2009 年 4 月 16 日，诸城市气温由 4 月 14 日的 22.5℃下降到 1.6℃，地表温度下降到－0.9℃，发生罕见的倒春寒霜冻灾害，小麦、玉米、蔬菜等大田作物发生大面积冻害（图 6-1）。诸城市小麦受灾面积 0.6 万公顷，重灾 0.2 万公顷，绝收 0.05 万公顷，灾情较重。

2010—2011 年冬春连旱，据 2011 年 2 月 18 日统计，累计受旱面积 5.0 万公顷，其中小麦受旱面积 4.59 万公顷，轻旱面积 3.0 万公顷，重旱面积 1.5 万公顷，点片死苗面积 0.09 万公顷；林果受旱面积 0.27 万公顷，其他作物受旱面积 0.31 万公顷，有 8.22 万人出现临时性饮水困难。从 2010 年 9 月 10 日至 2011 年 2 月 18 日，平均降雨只有 0.8 毫米，属于无效降水，持续受旱时间长达 155 天，为六十年一遇的特大干旱。

2012 年 8 月 2 日 17 时至 3 日 7 时，诸城市平均降雨 68.2 毫米，其中，南部山区降雨超过 85 毫米。受大风降雨影响，诸城市共有 1.5 万公顷农作物不同程度受灾，其中 0.18 万公顷成灾，0.04 万公顷重灾。作物

图 6-1 小麦冻害情况

中，玉米受灾面积 1.39 万公顷，其中，0.11 万公顷成灾，0.04 万公顷重灾。

2013 年 4 月 19—20 日夜间诸城市发生雨夹雪，先雨后雪。4 月 20 日最低气温−1.9℃，降雨 11.4 毫米，雪深 2 厘米，21 日最低气温 1.6℃。小麦发生大面积冻害。

2014—2017 年连续四年干旱。

2017年夏玉米高温热害。诸城市玉米结实性差，表现严重，受害面积0.07万～0.2万公顷。

2019年夏玉米受高温和干旱双重胁迫影响发生大面积高温热害，部分地块绝产。8月16日下午，诸城市贾悦、舜王、皇华、南湖、枳沟、龙都等地不同程度遭受了冰雹、强风灾害，截至8月16日晚21时，诸城市黄烟、玉米、果树、大棚、蔬菜等作物总受灾面积1万公顷，绝产面积0.87万公顷，预计经济损失2.67亿元。

二、健身栽培，提高小麦玉米的自身抗性

灾害几乎年年有，只是灾害发生的种类和轻重有所不同。同样的灾害，在相同地块发生的程度可能有明显差别。因此，防灾减灾的关键在于健身栽培。只有加强健身栽培，增强小麦玉米自身抗性，才能从根本上增强抵御自然灾害的能力，减轻灾害的危害。

1. 合理选用良种，从品种上增强抗灾能力 良种是抵御自然灾害的第一要素。小麦选用分蘖成穗率高、抗病抗逆性强、丰产稳产的冬性或半冬性品种。玉米选用紧凑型、抗病抗逆性强、丰产稳产的早熟品种。树立"稳产第一、高产第二"的选种用种的思想观念，改变过去片面追求高产的想法。对2009年冻害和2013年小麦冻害的田间调查发现，临麦2号、临麦4号、泰农18等大穗型品种受灾情况明显偏重，2013年以后大穗型小麦品种在诸城市的种植面积迅速萎缩。在2012年发生的夏玉米大面积倒伏中，先玉335系列玉米品种发

生大面积"掘根倒"。

尤其注意不能盲目引种。在 2009 年的小麦冻害中，从河南引种的矮抗 58 等小麦品种全部绝产。

2. 秸秆还田加深翻，从土壤改良上提高抗灾能力 秸秆还田是增加土壤有机质、提高土壤肥力的最经济、最方便可行的技术措施。

深翻打破犁底层，可增强土壤的蓄水、渗水、保肥和供肥能力，促进根系下扎，增强作物的抗旱、抗倒伏、耐涝能力。深翻可有效掩埋有机肥料、作物秸秆、杂草和病虫有机体，明显减轻病虫草害的发生程度。对 2012 年夏玉米大面积倒伏的田间调查发现，在种植相同品种的相邻地块，旋耕的倒伏严重，深耕的几乎没有发生倒伏。据调查，旋耕的耕层深度只有 10～15 厘米，80％的根系分布在 10～15 厘米的耕层里。在 7 月 20 日以后，特别是在玉米抽雄前（此时玉米大头沉），土壤水分饱和时，遇到 5 级以上的大风，先玉 335 及有先玉 335 血缘关系的品种几乎全部发生"掘根倒"。

3. 测土配方施肥，从矿物质营养供给方面增强抗灾能力 底肥"稳磷增钾补微"，适当减少底施氮肥量，推行氮肥后移追肥技术，把氮肥总量的 50％或 40％在作物生育中后期追施，防旺长、防早衰、增粒重。

4. 规范化播种，合理密植，提高小麦玉米整体抗灾能力 小麦推广立旋播种技术，立旋播种机集成了前置施肥、立旋、播前镇压、小麦精量播种和播后苗带镇压等多道工序，实现了多道工序一机一次性完成，效率高，保墒抗旱，播种质量高。播深 3～4 厘米。播种机行进速度以每小时 5 千米为宜，以保证下种均匀、深浅一致、行距一致、不漏播、不重播。小麦播种应做到 4 个对应：一是播量与播期对应，在适期早播情况下适当减少播量，晚播适量增加播量；二是播量与土壤墒情对应，在土壤墒情较好时适当减少播量；三是播量与品种对应，分蘖力强的品种、小粒品种适当减少播量，而分蘖力弱、大粒品种、发芽率低的品种可适当增加播量；四是播量与土壤质地对应，沙壤土地块适当减少播量，土壤黏重地块要适当增加播量。

玉米推广免耕直播技术，一次作业可实现化肥深施、精量播种、覆土和镇压等。小麦收获后马上抢茬直播，等行距，行距 60 厘米，播深均匀一致，覆土深度 3～5 厘米；匀速播种，播种机作业速度根据不同机具掌握，一般应控制在 6～8 千米/小时，避免漏播、重播或镇压轮打滑。每亩紧凑型玉米留苗 4 500～5 000 株。高产田宜密，中、低产田宜稀。

2010—2011 年发生严重的冬春连旱，在春季小麦调查时发现，播后镇压的麦田抗旱性明显好于没有镇压的。

5. 镇压加化学调控，适当降低株高，增强植株的抗倒伏能力　对于小麦旺长田或有旺长趋势的小麦田，在小麦返青期镇压可控制旺长、增强抗倒伏能力，也可在小麦返青起身期喷施小麦矮丰、壮丰安等生长调节剂，控制基部节间伸长，预防中、后期倒伏。对于群体密度比较大的玉米田，可在拔节以后喷施植物生长抑制剂来抑制株高、降低植株重心。在玉米 6～10 片叶时每亩使用乙烯利·胺鲜酯（玉黄金）20 毫升兑水 30 千克喷雾，能降低穗位和株高，增强抗倒伏能力。也可使用玉米健壮素等增强玉米抗倒伏能力。

6. 加强田间管理，促弱转壮，控旺转壮　播后微喷或滴灌浇一遍蒙头水（7～10 米^3，不可过量；当土壤相对湿度高于 75％时，或天气预报近期有降水时可不浇），可实现早出苗，提高出苗整齐度。出苗后适当控水蹲苗，促进根系下扎，培育壮苗。对于小麦晚播弱苗，要提早管理，在浇越冬水时补施速效氮肥，做到冬水冬肥春用；对于旺长麦田和有旺长趋势的麦田，要结合化学调控，适当延迟肥水管理，延迟到拔节后期浇水追肥。

在 2019 年夏玉米高温热害的田间调查中发现，采用水肥一体化技术的地块都没有明显的高温热害发生。

7. 加强病虫草害的综合防控　充分运用农艺措施和化学防治相结合、化学防治与预测预报相结合等综合措施，积极开展社会化服务组织统防统治，降低生产成本，提高防治效果。

三、抗灾减灾应变栽培技术

在多年的抗灾救灾工作中发现，小麦玉米自身都有一定的抵御自然灾害的能力和自我修复能力，灾害发生前后，要密切关注气象预报，科学应对，有效减轻灾害损失。

1. 小麦早春冻害　早春冻害（倒春寒）是指小麦返青至拔节这段时期，因寒潮导致大幅度降温，地表温度降到 0℃ 以下，发生的霜冻危害。进入 4 月，小麦拔节以后，失去抗御 0℃ 以下低温的能力，当寒潮来临时，地表层温度骤降到 0℃ 以下，便会发生早春冻害。

发生早春冻害的麦田，幼穗受冻程度根据其发育进程有所不同，已进入雌雄蕊分化期（拔节期）的易全穗受冻，幼穗萎缩变形，最后干枯；而处在小花分化期或二棱期（起身期）的幼穗，受冻后仍呈透明晶体状，未被全部冻死，以后抽出的麦穗穗粒数减少，产量降低。

早春冻害的预防和补救措施见第一章第 9 页"预防倒春寒"。

2. 小麦倒伏　小麦倒伏是实现小麦高产、稳产、优质、高效的最大障碍之一，防止倒伏不是某一单项措施能解决的，为有效防止和减轻小麦倒伏，除选用抗倒伏性强的品种外，应运用适当密植、氮肥后移（详见第四章第四节"小麦氮肥后移延衰高产栽培技术"）、化学调控等综合措施实现控旺防倒。

3. 小麦干热风　干热风亦称"干旱风"，习称"火南风"或"火风"，是一种高温、低湿并伴有一定风力的农业灾害性天气。"一喷三防"技术用于预防小麦干热风，主要是结合杀菌灭虫喷

延伸阅读十二

施抗干热风的植物生长调节剂和速效叶面肥。有试验表明，在小麦灌浆初期和中期，向植株各喷一次 0.2%～0.3% 的磷酸二氢钾溶液，能提高小麦抗植株体内磷、钾浓度，增大原生质黏性，增强植株保水力，提高小麦抗御干热风的能力。微喷防干热风，遇干热风天气，在

上午 10 时左右开启微喷，时间 10～20 分钟，可有效减轻干热风危害。

4. 玉米倒伏　玉米田发生倒伏以后，要针对不同情况采取不同的管理措施。发生根倒较轻的地块（茎与地面的夹角大于45°），不用采取什么措施，对产量影响不大；根倒伏严重的地块，雨后应尽快在 2～3 天内人工扶直并进行培土（人工扶直时，不要扶得过直，应与地面保留一定角度，否则会伤了另一侧的根），以便重新将植株固牢，如果倒伏时间太长就不要再扶了，硬扶容易造成茎秆折断。发生弯倒的地块，雨后可用长杆轻轻挑动植株，抖落雨水，以减轻植株压力，待天晴后使植株慢慢恢复直立生长。抖落雨水时注意尽量不要翻动植株，以防人为造成茎秆折断。发生茎折的地块，要根据发生程度区别对待。茎折比较严重的地块可以考虑将倒折植株割除用作青饲料，然后补种一些叶菜类蔬菜；茎折比例比较小的地块，也应将倒折植株尽早割除。

玉米发生倒伏后，即使是采取有效的管理措施，也会造成一定程度的减产，防止倒伏的有效措施重点在于提前预防。

延伸阅读十三

预防玉米倒伏的措施：①选择抗倒能力强的稳产玉米品种，合理密植。②氮肥后移（详见第四章第五节"夏玉米氮肥后移技术"）。③合理化学调控，及时防治病虫害。

5. 玉米高温热害　根据笔者对 2017 年、2018 年、2019 年连续三年的夏玉米高温热害调查发现，在拔节期到大喇叭口期的玉米对高温敏感，此时发生连续 3 天以上 33℃的高温天气，易发生高温热害。在高温和干旱双重胁迫的条件下，会加重高温热害的发生程度。

延伸阅读十四

在夏玉米品种中，红轴品种（先玉335 品系）对高温更为敏感。在相同条件下，品种之间抗高温性能差别明显。因此，为预防高温热害的发生，要选择抗高温的品种，优先选择主推品种，慎重引种；大力推广水肥一体化技术，遇旱及时浇水。

延伸阅读十五

参　考　文　献

边大红，刘梦星，牛海峰，等，2017. 施氮时期对黄淮海平原夏玉米茎秆发育及倒伏的影响 [J] . 中国农业科学，50 (12)：2294-2304.

陈长青，白石等，2007. 我国玉米生产现状和高产育种方向 [J] . 安徽农业科学，35 (14)：4135-4136，4149.

陈国立，贺飞，秦小龙，2010. 浅谈玉米单粒精播技术 [J] . 农业科技通讯：9.

董树亭，1997. 山东省玉米生产的发展思路与对策 [J] . 农业新技术新方法 (2)：10-14.

韩世栋，2004. 潍坊市夏玉米田间杂草发生规律及化学除草技术研究 [J] . 职大学报 (4)：27-30.

解素鹤，隋桂玲，陈林祥，2010. 气温变化对诸城市冬小麦适播期的影响 [J] . 农业科学 (32)：122.

俊周，谢俊良，彭海成，2011. 夏玉米晚收增产效应分析 [J] . 河北农业科学，15 (1)：1-2.

刘兴海，王树安，李绪厚，1986. 冬小麦抗逆栽培技术原理的研究Ⅱ不同生育期重施氮肥对冬小麦生育和抗逆性的影响 [J] . 华北农学报，1 (3)：1-9.

梅家训，王耀文，1997. 农作物高产高效栽培 [M] . 北京：中国农业出版：121，126，142.

王宜伦，张许，李文菊，2011. 氮肥后移对晚收夏玉米产量及氮素吸收利用的影响 [J] . 玉米科学，19 (1)：117-120.

王震，吴颖超，张娜娜，等，2015. 我国粮食主产区农业水资源利用效率评价 [J] . 水土保持通报，35 (2)：292-296.

余松烈，于振文，董庆裕，2010. 小麦亩产 789.9 kg 高产栽培技术思路

[J]．山东农业科学（4）：11-12.

余薇，傅兆麟，2011. 大穗型与多穗型小麦单株生产潜力研究［J］．安徽农学通报：17（17）：57-59.

张其鲁，1997. 山东省玉米生产的发展思路与对策［J］．农业新技术新方法（2）：10-14.

张其鲁，魏秀华，2010. 施肥播种浇水和品种综合因素对小麦产量影响的研究［J］．农业科技通讯：34-38.

张其鲁，魏秀华，2013. 小麦不同时期灌水效率和灌水模式优化研究［J］．山东农业科学（30）：8.

赵倩，姜鸿明，孙美芝，2011. 山东省区试小麦产量与产量构成因素的相关和通径分析［J］．中国农学通报，27（7）：42-45.

朱元刚，董树亭，张吉旺，2010. 种植方式对夏玉米光合生产特征和光温资源利用的影响［J］．应用生态学报，21（6）：1417-1424.

后　记

　　作为一名农业科技工作者，既要异想天开，又要脚踏实地。异想天开才能大胆假设，突破固有思维，有所创新、创造和发明；脚踏实地就是要求我们凡事都要实事求是，遵循科学规律，小心求证，保证我们的工作一切从当地的农业生产实际出发，一切为农业生产服务。本书创新性地提出了"十大改革"，并在此基础上形成了"一三五"现代粮食绿色生产技术。鉴于我们的能力、水平有限，本书可能有些不足、缺点，甚至是错误，恳请各位农业专家、同行和广大农民朋友提出批评意见，我们会虚心接受，认真论证，把这项技术继续完善。

　　在此书成稿过程中，潍坊市农业技术推广站推广研究员郑以宏站长对初稿进行了认真审阅，指出了诸多缺点和错误，提出了指导性和方向性的修改意见，对保证本书质量起到了重要作用；诸城市农业技术推广站原站长、副高级农艺师韩宗才同志把其积累整十年的玉米技术资料无偿奉献出来，给"一三五"现代粮食绿色生产技术提供了有力的论据；诸城市气象局副高级气象师吴建梅同志则从气象资料方面提供了诸多支持。在此一并致谢！

诸城市"一三五"现代粮食绿色生产技术编写组

2020 年 8 月 31 日

320型立旋整地双镇压小麦精量播种机

该机一机多能，可于作物收获或深翻后直接作业，能一次性完成施肥、碎土、整平、镇压、播种、二次镇压和铺管多项农艺工序，效率高，成本低，仿形设计，作业后土地平整，秸秆不上翻，土壤沉实，深浅一致，保墒效果好，出苗整齐，个体健壮，是目前国内最先进的小麦播种机械。

2019年3月7日

320型机插种，一直未浇水

常规播种，拔节期浇3水

2019年3月23日

两种播种方式个体对照

320型机播种大田

2019年4月28日

作业方式：
一、深翻+播种 〔推荐方式 此方式可节省保苗水和越冬水〕
深翻：前茬收获后大犁深翻25厘米，然后直接播种（可视墒情选择播种时机）
二、收获后直接播种（适用于无秸秆地况）

机械参数：
外形尺寸（mm）:2540*3310*1800
种子容积（m）: 0.25
肥料容积（m）: 0.7
镇压轮承重（kg）:前2000
单镇辊承重（kg）:后62.5
配套动力（马力）:160-180

幅宽：3.2米
作业行距：8行
（种子）: 16-20行
作业效率：18-27亩/小时
滴灌带根数：4根 间距：65CM

机械结构功能

施肥 → 立旋整地 → 土壤刮平 → 播前镇压 → 播种 → 苗带镇压 → 铺管

施肥	立旋整地	土壤刮平	播前镇压	播种	苗带镇压	铺管
◆有质化施肥	◆秸秆不上翻	◆整平地面	◆保证播种整	◆无级珠链调整	◆苗带镇压	◆半幅埋铺滴灌
◆混合均匀	◆整下旋	◆重整碎土	土壤水分不流失	◆无级排行种器	◆苗带效果好	带降行数
◆不浪费	◆碎土细		沉实土壤，防	◆仿形等种，深	◆不出现苗死苗	◆控制滴灌带，效
	◆不产生犁底层		止种子悬空为播	浅一致	◆保园出苗率	率高
			种过程		◆有利保苗	
			◆为播种做准备			
			良好基础			

山东潍坊悍马农业装备有限公司

雷沃阿波斯农机具

播种机械、植保机械、牧草机械、干燥机械

雷沃重工股份有限公司是全国知名的机械装备制造企业。业务范围涵盖农业装备、工程机械、车辆、金融+互联网四大业务板块，拥有完善的核心零部件（发动机、变速箱、车桥）黄金产业链。公司成立于1998年，现有员工1.5万人。2019年雷沃品牌价值达到688.75亿元。

雷沃重工可为现代农业提供全程机械化解决方案，在"全球研发、中国制造、全球分销"的特色发展模式下，通过构筑全球化研发体系，海外并购阿波斯、马特马克、高登尼等全球知名农业装备品牌，具备了完善的海外全价值链运营基础。

雷沃阿波斯农机具事业部作为雷沃重工农机具业务的核心研发、制造基地，是国内机具产品资源种类多、起步即与世界同步的公司。主要从事播种机械、植保机械、牧草机械（打捆机）、干燥机械等产品的研发、制造、生产、销售、服务等工作。

诸城市种粮大户科技联盟
诸城天益农资电商运营中心

　　诸城市种粮大户科技联盟是市政府下属的农业社会化指导协调服务组织，由诸城市农业生产资料协会、诸城天益供销发展有限公司发起，联合60余家农业种植专业合作社共同组建，隶属于诸城市农业局，主要服务职能是：协助政府搞好行业规划，收集三农动态信息，引进粮食新品种、新技术，推广高端新型农业装备机械，推动农村土地流转和托管服务，组织成员进行粮食生产经营，推行种肥药一体化供应，开展农业技术推广及科学技术普及服务等。

　　种粮大户科技联盟实时关注政府惠农政策导向，及时解读国家支持三农补贴有关文件，协助农民合作社、家庭农场、种植大户申报补贴资金，争取各行业多部门扶持农业项目落户诸城，为广大三农从业者牵线搭桥，释疑解惑，助力发展，合作共赢。